非柱状区域上一维波动方程的能控性

崔立芝　著

吉林财经大学出版资助图书

科　学　出　版　社
北　京

内 容 简 介

本书主要研究了非柱状区域上一维波动方程的能控性. 这个方程刻画了一段有限长度的绳振动的位置. 作者分别对这个系统施加不同类型的控制,得到了边界精确能控性和内部精确能控性. 全书共分 5 章. 第 1 章为引言. 第 2~4 章介绍了非柱状区域上一维波动方程的边界精确能控性. 第 5 章分析了非柱状区域上一维波动方程的内部精确能控性.

本书可作为应用数学专业、分布参数系统控制方向的研究生的教材，亦可作为分布参数系统控制方向的博士生参考书.

图书在版编目(CIP)数据

非柱状区域上一维波动方程的能控性/崔立芝著. —北京：科学出版社，2017.6

ISBN 978-7-03-052942-8

Ⅰ.①非… Ⅱ.①崔… Ⅲ.①一维流动-波动方程-可控性-研究 Ⅳ. ①O175.27

中国版本图书馆 CIP 数据核字(2017)第 116096 号

责任编辑：张中兴 梁 清／责任校对：邹慧卿
责任印制：张 伟／封面设计：迷底书装

科 学 出 版 社 出版
北京东黄城根北街 16 号
邮政编码：100717
http://www.sciencep.com

北京东华虎彩印刷有限公司 印刷
科学出版社发行 各地新华书店经销
*
2017 年 6 月第 一 版 开本：720 × 1000 B5
2017 年 8 月第二次印刷 印张：6 3/4
字数：137 000

定价：32.00 元

(如有印装质量问题，我社负责调换)

作 者 简 介

崔立芝，女，吉林省长春人，1978年出生，东北师范大学理学博士，吉林财经大学应用数学学院副教授.

崔立芝博士主要研究方向为分布参数系统控制，发表十余篇论文，其中 5 篇被 SCI 检索. 2013—2014 年之间发表的论文成果荣获吉林省 2015 年自然科学成果二等奖.

崔立芝博士先后参加过国家自然科学基金项目、吉林省自然科学基金项目等多个项目，主持并完成吉林省教育厅“十二五”科学技术研究规划项目 1 项. 参与编写多本微积分教材及辅导书.

前　言

本书主要研究非柱状区域上一维波动方程的能控性. 波动方程主要刻画弹性弦的振动、自然界中各种波的传播等物理过程. 本书主要讲述了具有移动边界区域上弹性弦的振动问题. 波的传播速度与移动边界的移动速度之间的关系, 直接影响到了波动方程的能控性.

本书讨论了在不同波速与不同移动边界速度的情形下系统的能控性, 并对具体的情形给出能控性时间的刻画. 本书问题的解决主要利用了 Hilbert 唯一性方法. 本书中讨论的问题是分布参数系统的能控性理论中的基本问题, 此问题的解决能够为活动边界区域上偏微分方程系统的能控性理论的研究提供一些方法的借鉴, 同时也可以为相关的实际工程领域提供一些数学理论基础.

本书的完成需要特别感谢我的博士生导师——东北师范大学高夯教授! 高老师是我学习生涯中前行的灯塔, 指引我每一步踏实前行! 我的每一点每一滴的进步都离不开高老师的鼓励和帮助. 当我遇到困难时, 高老师睿智的指导和启发使我一步一步克服困难. 高老师渊博的学识、敏锐的洞察力、严谨的治学态度和孜孜不倦的工作热情一直深深地影响和激励着我. 我时刻把高老师"诚能求和, 勤能补拙"的话语记在心头, 指导自己的言行. 这些都是我受用终生的宝贵财富.

本书是在吉林财经大学校级重点项目 (项目编号：0800181601)、吉林财经大学 2016 年专著出版资助计划的资助和支持下完成的. 由于作者水平有限, 书中难免有考虑不周和疏漏之处, 诚请广大读者批评指正.

崔立芝

2017 年 3 月

目　　录

第1章 引　　言

控制论是 20 世纪 40 年代由数学家 N. Wiener 所创立的, 现在已经成为技术学科的一门基础理论学科. 20 世纪 60 年代初, L. S. Pontryagin 的最大值原理、R. Bellman 的动态规划原理和 R. E. Kalman 的线性系统一般理论, 这三个里程碑性的工作标志着现代控制理论的诞生. 同时, 针对于有限维系统, R. E. Kalman 提出了能控性理论. 它与能观性理论和最佳调节器理论一起构成了现代控制理论的基本内容. 之后, 许多学者将这一理论推广到非线性系统、分布参数系统、随机系统的情形.

目前, 有限维系统的控制理论、分布参数系统的控制理论和随机系统控制理论构成了数学控制论, 现在已广泛应用于生物、医学、环境、经济管理、航天、航空等领域中, 极大地提高了社会劳动生产率, 改善了人们的劳动条件, 提高了人们的生活水平.

分布参数系统的能控性理论是分布参数系统控制理论的主要研究内容之一. 控制问题在科学技术及工程实践, 以及日常生活中处处可见. 分布参数系统的能控性理论已经成为现代数学的一个重要分支, 始于 20 世纪 60 年代 Y. V. Egorov, H. O. Fattorini 和 D. L. Russell 等人的工作. D. L. Russell 在 1978 年发表一篇综述性文章 [1], 给出了研究能控性问题的很多方法和工具, 如乘子方法、矩量方法、非调和傅里叶级数方法等. 这篇文献中一个重要思想是"由能稳推能控". J. L. Lions 在 1988 年发表一篇综述性文章 [2] 并出版了一本专著 [3], 成为该领域重要的参考文献. 他提出的 Hilbert 唯一性方法, 即对偶方法成为研究双曲方程能控性的经典办法, 将原系统的能控性问题转化为研究其对偶系统的能观性, 这是这篇文献的重要思想. 这一方法引起了很多学者极大的关注和兴趣, 促进了能控性理论的快速发展. 在 J. L. Lions 之后, 许多学者在该领域做出了很大的贡献, 国外学者如 V. Barbu, C. Bardos, J. M. Coron, O. Y. Imanuvilov, V. Komornik, G. Lebeau, D. Tataru, R. Triggiani, E. Zuazua 等, 国内学者如李大潜、刘康生、汪更生、姚鹏飞、雍炯敏、张旭等.

控制按照不同的方式相应地有不同的分类. 如按控制施加在系统中的位置, 控制分为边界控制和内部控制. 如按等时区域与目标的关系, 控制分为精确能控性、近似能控性和零能控性.

20 世纪 80 年代后, 抛物型偏微分方程能控性的研究逐渐成为人们研究的焦点. 在许多学者的努力下取得了大量的成果 [4]–[23]. 抛物型偏微分方程模型已经应用到物理工程、生物化学及生物种群动力学等诸多领域, 发展到 21 世纪, 仅用经典的抛物方程模型去描述物理实际问题已经不够精确. 如当方程所描述的某一时刻的状态函数不仅只与这一时刻有关, 而且还与这个状态在过去的一段时间的情况有关, 也就是说状态本身带有一定的 "记忆" 效应. 这时, 经典的抛物型方程模型不再适用. 关于这类问题, 许多国外和国内的学者得到了一些很好的结果 [24]–[34].

偏微分方程的精确能控性是控制论中的一个经典问题, 尤其是波动方程的精确能控性问题一直是一个非常活跃的研究领域, 取得了大量的研究成果. 波动方程的精确能控性, 粗略地说, 对于给定的状态空间 X 和控制空间 U, 任意给定初值 $x_0 \in X$ 及目标 $x_1 \in X$, 都存在控制 $u \in U$ 和时间区间 $(0,T)$, 使得系统相应的解 x 在时间 T 时刻等于 x_1, 即

$$x(T) = x_1.$$

具体地说, 仅仅利用边界就能实现的精确能控性, 称为边界精确能控性; 仅仅利用内部控制就能实现的精确能控性, 称为内部精确能控性.

关于柱状区域上常系数线性波动方程的能控性的研究始于 20 世纪 80 年代, 研究柱状区域上常系数线性波动方程的能控性理论大致有以下几种主要的方法: 延拓的方法 [1, 35], 即将初值与终值从有界域延拓到整个空间, 用 Cauchy 问题的解公式给出解的表达式, 将解限制在边界上求得边界控制. 对偶的方法 [2,3,36,37], 即将原系统的能控性转化为研究其对偶系统的能观性, 一般的情况下利用乘子的方法证明对偶系统的能观不等式. 这种方法首先是 R. E. Kalman 在文献 [36] 中把有限维系统的能控性转化成其对偶系统的能观性, 然后 S. Dolecki 和 D. L. Russell 在文献 [37] 中把这种方法推广到无限维系统, 最后 J. L. Lions 在综述文

献 [3] 中把这种方法应用到波动方程系统, 得到波动方程系统的能控性等价于对偶方程的能观性结论, 并且给出了对偶方程具体的能观不等式, 然后 J. L. Lions 利用乘子的方法给出了能观不等式非常简单的证明. 这之后很多学者把这种方法应用到其他的偏微分方程系统的能控性上. 几何光学条件的方法 [38], 即从区域出发的任意一条广义光线经边界反射后在时间区间 $(0,T)$ 内可以到达施加控制的边界. 这个条件是能够做到边界精确能控性的一个充分和几乎必要条件. 算子理论的方法 [39], 波动方程的边界能控性等价于一个向量场的条件.

J. L. Lions[2]–[3] 在 1988 年提出了 Hilbert 唯一性方法, 更好地解决了一般条件下常系数线性波动方程的边界精确能控性和边界的邻域与整个区域的交集的内部精确能控性. 许多学者利用 Hilbert 唯一性方法解决了柱状区域上线性与半线性更一般的波动方程系统的精确能控性. 线性波动方程的情况, 如 V. Komornik[40] 和 E. Zuazua[41] 给出了利用 Hilbert 唯一性方法得到的精确能控性主要结果. 半线性波动方程的情况, 如 E. Zuazua 在文献 [41]–[45] 中结合 Hilbert 唯一性方法和 Schauder 不动点定理, 得到了一系列关于半线性波动方程在次线性和超线性条件下的精确能控性. E. Zuazua 在文献 [45] 中利用时间变量和空间变量的对称性得到了一维波动方程的能观性不等式, 但是这种方法仅适用于一维的情形. 其后, 张旭在其博士论文 [46] 和 [47] 中, 利用非线性对偶方法, 将高维半线性波动方程的精确能控性问题转化为它的线性化系统的对偶系统的能观性估计. 张旭利用“Carleman 不等式和通常的能量估计”得到了相应的能观性不等式. 而这种“Carleman 不等式和通常的能量估计”新的方法实质上就是整体的 Carleman 型估计, 不但适用于常系数波动方程能控性, 而且也适用于一些变系数波动方程能控性的情形.

关于柱状区域上变系数线性波动方程的能控性理论相对于常系数波动方程的能控性理论更加有难度, 一些原先成立的结论现在未必成立. 目前也有一些结果, 见文献 [48]–[65]. 现有的结果变系数的系统一般只依赖于空间变量, 与时间变量无关. 而适用于柱状区域上常系数线性波动方程的方法, 现在处理变系数波动方程的能控性问题的方法也不一定适用. 对于变系数情形, 姚鹏飞 [57] 提出的黎曼几何的方法, 即引入一种度量, 把变系数波动方程转化成黎曼流形上波动方程系统的控制问题, 然后利用乘子方法得到精确能控性, 具体可参考文献 [58]–[60]. 张旭在其博士论文 [46] 中发展的整体 Carleman 型估计的方法, 可以更好地处理变系数波动方程的控制问题, 具体见文献 [61]–[63]. 另外, M. M. Potapov 在文献 [66]–[70] 提出的一种方法, 本质上与 Hilbert 唯一性方法是一致的, 但是能更简单地处理线性波动方程的控制问题.

据作者所知, 尽管柱状区域上波动方程的能控性已经有了大量的结果, 但是非柱状区域上仅仅对于常系数波动方程的能控性的结果也不是很多 [71]–[73]. 非柱状区域上或者移动边界的区域上的偏微分方程的能控性一直是数学工作者所关心的重要问题. 长期以来, 人们一直为之不懈努力, 但这一问题始终没有得到很好的解决. 在文献 [72] 中, M. M. Miranda 考虑了如下非柱状区域上高维常系数波动方程的边界精确能控性:

$$\begin{cases} u_{tt} - \Delta u = 0, & (y,t) \in \widehat{Q}, \\ u = v, & (y,t) \in \widehat{\Sigma}, \\ u(0) = u^0,\ u_t(0) = u^1, & y \in \Omega_0, \end{cases}$$

其中

$$\Omega_t = \{y \in \mathbb{R}^n; y = k(t)x, x \in \Omega\},$$

$$0 \leqslant t \leqslant T \leqslant \infty.$$

Γ_t 为 Ω_t 的边界, v 为控制.

$$\widehat{Q} = \bigcup_{0<t<T} \Omega_t \times \{t\},$$

$$\widehat{\Sigma} = \bigcup_{0<t<T} \Gamma_t \times \{t\}.$$

这篇文献既假设 $\widehat{Q}$ 是类时的, 又假设 $k(t)$ 满足

$$\int_0^\infty |k_t| \mathrm{d}t < \infty \tag{$*$}$$

和其他的一些条件. 这篇文献证明的基本思想都是把非柱状区域上常系数波动方程的能控性利用一个同胚变换转化成柱状区域上变系数波动方程的能控性, 利用

Hilbert 唯一性方法得到了边界精确能控性. 在文献 [73] 中, 给出了非柱状区域上一维半线性波动方程的边界精确能控性, 这篇文献中非柱状区域的边界也同样必须满足 (*) 这个条件和其他的一些条件. 利用一个同胚变换转化成柱状区域上变系数波动方程, 利用 Hilbert 唯一性方法得到了能控性的结果. 在文献 [71] 中, C. Bardos 和 G. Chen 讨论了非柱状区域上高维常系数波动方程的能控性, 控制是施加在整个区域上. 这篇文献同样假设了非柱状区域是类时的, 然后直接在非柱状区域上讨论方程解的稳定性, 利用方程的稳定性结果得到了分布参数系统控制的结果.

本书讨论的是以下非柱状区域上一维常系数波动方程的边界精确能控性和内部精确能控性.

$$u_{tt} - u_{yy} = 0, \quad (y,t) \in \widehat{Q}_T^k,$$

其中

$$\widehat{Q}_T^k = \left\{(y,t) \in \mathbb{R}^2;\ 0 < y < \alpha_k(t),\ t \in (0,T)\right\},$$

$$\alpha_k(t) = 1 + kt,$$

$$0 < k \leqslant 1.$$

全书共分为三个部分, 共有 5 章. 贯穿全书, 我们设

$$Q = (0,1) \times (0,T);$$

$$\alpha_k(t) = 1 + kt,$$

$$0 < k \leqslant 1;$$

$$\widehat{Q}_T^k = \left\{(y,t) \in \mathbb{R}^2;\ 0 < y < \alpha_k(t),\ t \in (0,T)\right\};$$

$$\widehat{Q_1} = (m\alpha_k(t), n\alpha_k(t)) \times (0,T), \quad 0 < m < n < 1.$$

在第 2, 4, 5 章中, 参数 $k \in (0,1)$; 在第 3 章中, 参数 $k = 1$.

在本书的第一部分即第 2 章和第 3 章中, 主要讨论非柱状区域上的波动方程在移动边界施加控制的边界精确能控性. 在第 2 章中, 我们将分别考虑如下非

柱状区域上的波动方程部分 Dirichlet 边界与 Dirichlet–Neumann 边界的精确能控性, 在移动端点施加控制.

$$\begin{cases} u_{tt} - u_{yy} = 0, & (y,t) \in \widehat{Q}_T^k, \\ u(0,t) = 0,\ u(\alpha_k(t),t) = v(t), & t \in (0,T), \\ u(y,0) = u^0(y),\ u_t(y,0) = u^1(y), & y \in (0,1), \end{cases} \tag{1.1}$$

$$\begin{cases} u_{tt} - u_{yy} = 0, & (y,t) \in \widehat{Q}_T^k, \\ u(0,t) = 0,\ u_y(\alpha_k(t),t) = v_1(t), & t \in (0,T), \\ u(y,0) = u^0(y),\ u_t(y,0) = u^1(y), & y \in (0,1), \end{cases} \tag{1.2}$$

这里 v, v_1 为控制.

从某种程度上说, 非柱状区域上常系数波动方程的控制问题与柱状区域上的变系数波动方程的控制问题是等价的. 这也为我们解决非柱状区域上常系数波动方程的控制问题提供了一种方法. 由于 (1.1) 和 (1.2) 的能控性结果和证明方法类似, 我们下面仅具体给出系统 (1.1) 的能控性结果和证明思路. 受到文献 [72] 和 [73] 的启发, 为了得到 (1.1) 边界精确能控性, 我们把它转化成与之等价的柱状区域上变系数波动方程.

设

$$x = \frac{y}{\alpha_k(t)}, \quad w(x,t) = u(y,t) = u(\alpha_k(t)x, t).$$

当 $(y,t) \in \widehat{Q}_T^k$, 则 $(x,t) \in Q$. 从而系统 (1.1) 转化成下面柱状区域上变系数波动方程:

$$\begin{cases} w_{tt} - \left[\dfrac{\beta_k(x,t)}{\alpha_k(t)} w_x\right]_x + \dfrac{\gamma_k(x)}{\alpha_k(t)} w_{tx} = 0, & (x,t) \in Q, \\ w(0,t) = 0,\ w(1,t) = v(t), & t \in (0,T), \\ w(x,0) = w^0,\ w_t(x,0) = w^1, & x \in (0,1), \end{cases} \tag{1.3}$$

其中

$$\beta_k(x,t) = \frac{1 - k^2x^2}{\alpha_k(t)}, \quad \gamma_k(x) = -2kx, \quad w^0 = u^0, \quad w^1 = u^1 + kxu_x^0. \tag{1.4}$$

易验证 $\widehat{Q}_T^k$ 不是类时的, 而且 $\alpha_k(t)$ 不满足 (*) 这个条件. 为了克服这个困难, 证明的主要的步骤是构造这个柱状区域上变系数波动方程 (1.3) 的对偶方程并且定义其加权能量函数, 并且得到了一个能量等式, 然后利用乘子的方法得到了其对偶系统的能观性不等式, 从而得到柱状区域上变系数波动方程的能控性. 主要结果如下.

定理 1.1 设

$$T_k^* = \frac{e^{\frac{2k(1+k)}{1-k}} - 1}{k},$$

$$k \in (0,1).$$

当 $T > T_k^*$, (1.1) 在 T 时刻达到边界精确能控.

注意, 我们容易验证

$$T^0 \triangleq \lim_{k\to 0} T_k^* = \lim_{k\to 0} \frac{e^{\frac{2k(1+k)}{1-k}} - 1}{k} = 2.$$

我们知道在文献 [3] 中, 当 $T > T^0$ 时, 柱状区域上常系数波动方程能达到边界精确零能控, 但是我们这里不能证明 T_k^* 是最小能控性时间. 但我们发现

$$\lim_{k\to 1} T_k^* = \lim_{k\to 1} \frac{e^{\frac{2k(1+k)}{1-k}} - 1}{k} = \infty,$$

从而我们推测 $k=1$ 时, (1.1) 是不能达到精确能控性的. 接下来, 在第 3 章中我们考虑了一种特殊的情形波方程的能控性. 当 $k=1$ 时, 即在非柱状区域 $\widehat{Q}_T^1$ 上如下的常系数波动方程是不能达到边界精确能控性的, 我们给出了能达到边界精确能控性的目标所满足的充要条件:

$$\begin{cases} u_{tt} - u_{yy} = 0, & (y,t) \in \widehat{Q}_T^1, \\ u(0,t) = 0,\ u(t+1,t) = f(t), & t \in (0,T), \\ u(y,0) = u^0,\ u_t(y,0) = u^1, & y \in (0,1), \end{cases} \tag{1.5}$$

其中

$$\widehat{Q}_T^1 = \left\{(y,t) \in \mathbb{R}^2;\ 0 < y < t+1,\ t \in (0,T)\right\},$$

$$(u^0, u^1) \in C^2([0,1]) \times C^1([0,1])$$

且满足

$$u^0(0) = u^1(0) = u^0_{yy}(0) = 0,$$

$$f \in C^2([0,T]).$$

我们得到的主要结果如下.

定理 1.2　设 $T > 1$. 对于初值

$$(u^0, u^1) \in C^2[0,1] \times C^1[0,1]$$

且满足

$$u^0(0) = u^1(0) = u^0_{yy}(0) = 0,$$

目标

$$\left(u^0_d, u^1_d\right) \in C^2([0,1]) \times C^1([0,1]),$$

在 T 时刻边界精确能控当且仅当满足下面条件:

$$\begin{cases} u^0_d(0) = u^1_d(0) = u^0_{d,yy}(0) = 0, \\ u^0_{d,y}(y) - u^1_d(y) = u^0_y(T-y) + u^1(T-y), & y \in [T-1, T], \\ u^0_{d,y}(y) - u^1_d(y) = u^0_y(y-T) - u^1(y-T), & y \in [T, T+1], \\ u^1_{d,y}(T-1) - u^0_{d,yy}(T-1) = u^0_{yy}(1) + u^1_y(1). \end{cases}$$

证明的主要思路是通过构造一个定义在倒三角形区域上的波动方程, 我们知道这个方程的古典解的表达式, 把 $\widehat{Q}^1_T$ 延拓到这个倒三角形区域上, 从而得到系统 (1.5) 的古典解的表达式, 然后利用解的表达式得到能够达到精确能控的目标所满足的充要条件.

在本文第二部分第 4 章中, 我们将讨论如下非柱状区域上的波动方程的部分 Dirichlet 边界的精确能控性, 控制施加在固定端点.

$$\begin{cases} u_{tt} - u_{yy} = 0, & (y,t) \in \widehat{Q}^k_T, \\ u(0,t) = v_2(t),\ u(\alpha_k(t), t) = 0, & t \in (0,T), \\ u(y,0) = u^0,\ u_t(y,0) = u^1, & y \in (0,1), \end{cases} \tag{1.6}$$

其中 v_2 是控制函数.

我们知道, 对于柱状区域上一维常系数波动方程的边界精确能控性, 控制施加在左或者右端点, 都能做到边界精确能控性. 但是对于我们研究的这个系统, 控制施加在移动端点的情况与控制施加在固定端点的情况结论有些不同. 我们利用 Hilbert 唯一性方法和逐点能量估计的方法得到下面的定理.

定理 1.3 设

$$k \in \left(0, 1 - \frac{1}{\sqrt{\mathrm{e}}}\right).$$

当 $T > T_*^1$, (4.1) 在 T 时刻达到边界精确能控.

利用 Hilbert 唯一性方法和乘子的方法得到了下面结论.

定理 1.4 设

$$k \in \left(0, 1 - \frac{2}{1 + \mathrm{e}^2}\right).$$

当 $T > T_*^2$, (4.1) 在 T 时刻达到边界精确能控.

定理 1.5 设

$$k \in (0, 1).$$

当 $T > T_*^3$, (4.1) 在 T 时刻达到边界精确能控.

注意, T_*^1, T_*^2, T_*^3 在证明中给出, 易验证

$$T^1 \triangleq \lim_{k \to 0} T_*^1 = \lim_{k \to 0} T_*^2 = \lim_{k \to 0} T_*^3 = 2.$$

我们知道在文献 [45] 中, 当 $T > T^1$ 时, 柱状区域上常系数波动方程在这种类型的边界控制下都能达到精确边界零能控, 但是我们不能证明 T_*^1, T_*^2 和 T_*^3 是最小能控性时间.

在本书第 5 章中, 我们致力于下面非柱状区域上常系数波动方程的内部精确能控性:

$$\begin{cases} u_{tt} - u_{yy} = \widehat{B} v_3, & (y, t) \in \widehat{Q}_T^k, \\ u(0, t) = 0, \ u(\alpha_k(t), t) = 0, & t \in (0, T), \\ u(y, 0) = u^0(y), \ u_t(y, 0) = u^1(y), & y \in (0, 1). \end{cases} \tag{1.7}$$

设

$$\widehat{Q_1} = (m\alpha_k(t), n\alpha_k(t)) \times (0,T),$$

$$\widehat{Q_2} = (m'\alpha_k(t), n'\alpha_k(t)) \times (0,T), \quad 0 < m < m' < n' < n < 1.$$

其中 $v_3 \in [H^1(\widehat{Q_1})]'$ 为控制函数. $\widehat{B} \in C_0^\infty(\widehat{Q}_T^k)$, 且

$$\begin{cases} \widehat{B}(y,t) = 0, & (y,t) \in \widehat{Q}_T^k \setminus \widehat{Q_1}, \\ \widehat{B}(y,t) = 1, & (y,t) \in \widehat{Q_2}, \\ \widehat{B}(y,t) \in (0,1), & (y,t) \in \widehat{Q_1} \setminus \widehat{Q_2}. \end{cases}$$

相比于非柱状区域上常系数波动方程的边界精确能控性, 内部精确能控性更加困难. 与文献 [71] 相比, 我们现在讨论的区域不是类时的. 我们知道非柱状区域上常系数波动方程的控制问题在某种程度上来说是与柱状区域上的变系数的波动方程的控制问题是等价的. M. M. Potapov 与 L. F. Ho 分别在文献 [69] 和 [74] 得到了柱状区域上的一维变系数波动方程的内部精确能控性. 但是这两篇文献中的方程中系数只是依赖于空间变量, 而我们研究的系统 (1.7) 转化到柱状区域后, 系数既依赖于空间变量又依赖于时间变量. 我们受到文献 [69] 的启发, 解决了非柱状区域上常系数波动方程的内部精确能控性.

我们首先设

$$x = \frac{y}{\alpha_k(t)}, \quad w(x,t) = u(y,t) = u(\alpha_k(t)x, t).$$

当 $(y,t) \in \widehat{Q}_T^k$, 则 $(x,t) \in Q$.

记

$$Q_1 = (m,n) \times (0,T), \quad Q_2 = (m',n') \times (0,T).$$

于是把系统 (1.7) 化为柱状区域上的变系数波方程系统

$$\begin{cases} w_{tt} - \left[\dfrac{\beta_k(x,t)}{\alpha_k(t)} w_x\right]_x + \dfrac{\gamma_k(x)}{\alpha_k(t)} w_{tx} = B\overline{v_3}(x,t), & (x,t) \in Q, \\ w(0,t) = 0,\ w(1,t) = 0, & t \in (0,T), \\ w(x,0) = w^0,\ w_t(x,0) = w^1, & x \in (0,1), \end{cases} \tag{1.8}$$

其中

$$\overline{v_3}(x,t) = v_3(\alpha_k(t)x,t) = v_3(y,t), \quad \beta_k(x,t) = \frac{1-k^2x^2}{\alpha_k(t)},$$
$$\gamma_k(x) = -2kx, \quad w^0 = u^0, \quad w^1 = u^1 + kxu_x^0, \tag{1.9}$$

$$\begin{cases} B(x,t) = 0, & (x,t) \in Q \setminus Q_1, \\ B(x,t) = 1, & (x,t) \in Q_2, \\ B(x,t) \in (0,1), & (x,t) \in Q_1 \setminus Q_2. \end{cases}$$

我们得到如下主要结果.

定理 1.6 设

$$k \in (0,\tilde{k}), \quad 0 < \tilde{k} < 1.$$

当 $T > T^*$, (1.9) 在 T 时刻达到内部精确能控.

注意, $\tilde{k}, T^*$ 在证明中给出. 我们能够证明

$$T^2 \triangleq \lim_{k\to 0} T^* = \lim_{k\to 0} \frac{2M}{1-\lambda} = 2\max\{m, 1-n\}.$$

我们知道在文献 [45] 中, 当 $T > T^2$ 时, 柱状区域上常系数波动方程能达到内部精确能控, 但是我们不能证明 T^* 是最小能控性时间.

定理 1.6 的证明的方法实质上仍然为 Hilbert 唯一性方法. 最主要的步骤是: 为了克服系数既依赖于空间变量又依赖于时间变量这个困难, 我们利用乘子方法证明系统 (1.8) 的对偶方程的能观不等式时, 选用了一个分段函数作为乘子. 利用这个乘子我们得到初步的结论: 当 $k \in (0,\tilde{k})$, $\tilde{k} < 1$, 能够达到内部精确能控性. 我们认为当 $k \in (0,1)$ 这个系统都是精确能控的, 本质的困难我们认为这个乘子不是最佳的, 这是以后考虑的事情.

第 2 章　移动边界的边界精确能控性

在本章中, 我们将分别考虑如下两个系统的边界精确能控性:

$$\begin{cases} u_{tt} - u_{yy} = 0, & (y,t) \in \widehat{Q}_T^k, \\ u(0,t) = 0,\ u(\alpha_k(t),t) = v(t), & t \in (0,T), \\ u(y,0) = u^0(y),\ u_t(y,0) = u^1(y), & y \in (0,1), \end{cases} \tag{2.1}$$

$$\begin{cases} u_{tt} - u_{yy} = 0, & (y,t) \in \widehat{Q}_T^k, \\ u(0,t) = 0,\ u_y(\alpha_k(t),t) = v_1(t), & t \in (0,T), \\ u(y,0) = u^0(y),\ u_t(y,0) = u^1(y), & y \in (0,1), \end{cases} \tag{2.2}$$

这里 v, v_1 为控制, u 为状态变量. 我们利用 Hilbert 唯一性方法得到系统 (2.1), (2.2) 的边界精确能控性.

在这一章中, 我们设

$$T_k^* = \frac{e^{\frac{2k(1+k)}{1-k}} - 1}{k}.$$

$$V(0,\alpha_k(t)) = \{\varphi \in H^1(0,\alpha_k(t)); \varphi(0) = 0\}, \quad t \in [0,T].$$

$[V(0,\alpha_k(t))]'$ 表示 $V(0,\alpha_k(t))$ 的共轭空间.

2.1　问题的提出及主要结果

这一节, 我们先给出边界精确能控性的定义, 然后再给出得到的主要结果. 根据文献 [52] 和 [72] 知, 对于 $0 < k < 1$, 任意 $\left(u^0, u^1\right) \in L^2(0,1) \times H^{-1}(0,1)$ 与 $v \in L^2(0,T)$, 系统 (2.1) 都存在唯一的转置解

$$u \in C([0,T]; L^2(0,\alpha_k(t))) \bigcap C^1([0,T]; H^{-1}(0,\alpha_k(t))).$$

根据文献 [59] 知, 对于 $0<k<1$, 任意 $(u^0,u^1)\in L^2(0,1)\times[V(0,1)]'$ 与 $v_1\in L^2(0,T)$, 系统 (2.2) 都存在唯一的转置解

$$u\in C([0,T];L^2(0,\alpha_k(t)))\bigcap C^1([0,T];[V(0,\alpha_k(t))]').$$

定义 2.1 称 (2.1) 在 T 时刻边界精确能控, 若对于任意的初值 $(u^0,u^1)\in L^2(0,1)\times H^{-1}(0,1)$ 和任意的目标函数 $(u_d^0,u_d^1)\in L^2(0,\alpha_k(T))\times H^{-1}(0,\alpha_k(T))$, 都存在控制函数 $v\in L^2(0,T)$, 使得系统 (2.1) 的转置解 u 满足

$$u(T)=u_d^0,\quad u_t(T)=u_d^1.$$

定义 2.2 称 (2.2) 在 T 时刻边界精确能控, 若对于任意的初值 $(u^0,u^1)\in L^2(0,1)\times[V(0,1)]'$ 和任意的目标函数 $(u_d^0,u_d^1)\in L^2(0,\alpha_k(T))\times[V(0,\alpha_k(T))]'$, 都存在控制函数 $v_1\in L^2(0,T)$, 使得系统 (2.2) 的转置解 u 满足

$$u(T)=u_d^0,\quad u_t(T)=u_d^1.$$

引理 2.1[75] (Lax-Milgram 定理) 设 $a(u,v)$ 为 Hilbert 空间 H 上有界强制的双线性型, 则对 H 上任一有界线性泛函 $F(v)$, 恒存在唯一的 $u\in H$, 使得

$$F(v)=a(u,v),\quad \forall v\in H,$$

且有估计

$$\|u\|\leqslant\frac{1}{\delta}\|F\|.$$

本章研究的问题是系统 (2.1) 与 (2.2) 能否做到边界精确能控. 结论是肯定的. 下面是我们得到的主要结论.

定理 2.1 设

$$k\in(0,1).$$

当 $T>T_k^*$, (2.1) 在 T 时刻达到边界精确能控.

定理 2.2 设

$$k\in(0,1).$$

当 $T>T_k^*$, (2.2) 在 T 时刻达到边界精确能控.

注 2.1　易验证

$$T^0 \triangleq \lim_{k\to 0} T_k^* = \lim_{k\to 0} \frac{\mathrm{e}^{\frac{2k(1+k)}{1-k}}-1}{k} = 2.$$

我们知道在文献 [3] 中, 当 $T > T^0$ 时, 柱状区域上常系数波动方程在这两种类型的边界控制下都能达到边界精确零能控, 但是我们这里不能证明 T_k^* 是最小能控性时间.

2.2　系统部分 Dirichlet 边界精确能控性

这一节我们主要讨论系统 (2.1) 的边界精确能控性, 即证明定理 2.1, 我们将分三个小节来完成这个定理的证明.

2.2.1　柱状区域上变系数波动方程的能控性

设

$$x = \frac{y}{\alpha_k(t)}, \quad w(x,t) = u(y,t) = u(\alpha_k(t)x, t).$$

当 $(y,t) \in \widehat{Q}_T^k$, 则 $(x,t) \in Q$. 从而系统 (2.1) 转化成下面柱状区域上变系数波动方程:

$$\begin{cases} w_{tt} - \left[\dfrac{\beta_k(x,t)}{\alpha_k(t)} w_x\right]_x + \dfrac{\gamma_k(x)}{\alpha_k(t)} w_{tx} = 0, & (x,t) \in Q, \\ w(0,t) = 0,\ w(1,t) = v(t), & t \in (0,T), \\ w(x,0) = w^0,\ w_t(x,0) = w^1, & x \in (0,1), \end{cases} \tag{2.3}$$

其中

$$\beta_k(x,t) = \frac{1-k^2x^2}{\alpha_k(t)}, \quad \gamma_k(x) = -2kx, \quad w^0 = u^0, \quad w^1 = u^1 + kxu_x^0. \tag{2.4}$$

利用定理 5.1[52] 得到, 对于任意初值 $(u^0, u^1) \in L^2(0,1) \times H^{-1}(0,1)$ 和 $v \in L^2(0,T)$, 系统 (2.3) 存在唯一的转置解

$$w \in C([0,T]; L^2(0,1)) \bigcap C^1([0,T]; H^{-1}(0,1)).$$

于是系统 (2.1) 的能控性结果 (定理 2.1) 转化成系统 (2.3) 的能控性结果.

定理 2.3 设 $k \in (0,1)$. 对于任意初值 $(w^0, w^1) \in L^2(0,1) \times H^{-1}(0,1)$ 和目标 $(w_d^0, w_d^1) \in L^2(0,1) \times H^{-1}(0,1)$, 则存在控制 $v \in L^2(0,T)$, 使得系统 (2.3) 的转置解 w 满足

$$w(T) = w_d^0, \quad w_t(T) = w_d^1.$$

2.2.2 对偶方程的两个重要不等式

为了证明定理 2.3, 我们必须得到关于系统 (2.3) 对偶系统的两个重要不等式.

我们很容易写出系统 (2.3) 的对偶系统

$$\begin{cases} \alpha_k(t) z_{tt} - [\beta_k(x,t) z_x]_x + \gamma_k(x) z_{tx} = 0, & (x,t) \in Q, \\ z(0,t) = 0,\ z(1,t) = 0, & t \in (0,T), \\ z(x,0) = z^0,\ z_t(x,0) = z^1, & x \in (0,1), \end{cases} \tag{2.5}$$

根据文献 [52] 中定理 3.2, 当 $k \in (0,1)$, 对于任意的初值 $(z^0, z^1) \in H_0^1(0,1) \times L^2(0,1)$, 系统 (2.5) 存在唯一的弱解

$$z \in C([0,T]; H_0^1(0,1)) \bigcap C^1([0,T]; L^2(0,1)).$$

定义系统 (2.5) 加权的能量函数:

$$E(t) = \frac{1}{2} \int_0^1 \left[\alpha_k(t) |z_t(x,t)|^2 + \beta_k(x,t) |z_x(x,t)|^2\right] \mathrm{d}x, \quad t \geqslant 0.$$

同时设

$$E_0 \triangleq E(0) = \frac{1}{2} \int_0^1 \left[|z^1(x)|^2 + \beta_k(x,0) |z_x^0(x)|^2\right] \mathrm{d}x.$$

为了得到系统 (2.5) 的两个重要的不等式, 我们先证明两个引理. 第一个引理是关于能量函数衰减速率.

引理 2.2 对于任意的初值 $(z^0, z^1) \in H_0^1(0,1) \times L^2(0,1)$, 系统 (2.5) 有

$$E(t) = \frac{1}{\alpha_k(t)} E_0, \quad t \in [0,T]. \tag{2.6}$$

证明 系统 (2.5) 的第一个方程两端乘 z_t 并在区域 $(0,1) \times (0,t)$, $0 < t \leqslant T$ 上积分有

$$
\begin{aligned}
0=\int_0^t\int_0^1 &\{\alpha_k(s)z_{tt}(x,s)z_t(x,s)\\
&-\left[\beta_k(x,s)z_x(x,s)\right]_x z_t(x,s)\\
&+\gamma_k(x)z_{tx}(x,s)z_t(x,s)\}\,\mathrm{d}x\mathrm{d}s\\
\triangleq & J_1+J_2+J_3.
\end{aligned}
$$

下面我们分别计算 $J_i\ (i=1,2,3)$.

$$
\begin{aligned}
J_1=&\int_0^t\int_0^1 \frac{1}{2}\alpha_k(s)\left[|z_t(x,s)|^2\right]_t\mathrm{d}x\mathrm{d}s\\
=&\frac{1}{2}\int_0^1 \alpha_k(s)|z_t(x,s)|^2\mathrm{d}x\Big|_0^t\\
&-\frac{k}{2}\int_0^t\int_0^1 |z_t(x,s)|^2\mathrm{d}x\mathrm{d}s.
\end{aligned}\tag{2.7}
$$

根据 $z(0,t)=z(1,t)=0,\ t\in(0,T)$ 得到

$$
\begin{aligned}
J_2=&-\int_0^t \beta_k(x,s)z_x(x,s)z_t(x,s)\mathrm{d}s\Big|_0^1\\
&+\int_0^t\int_0^1 \beta_k(x,s)z_x(x,s)z_{tx}(x,s)\mathrm{d}x\mathrm{d}s\\
=&\int_0^t\int_0^1 \frac{1}{2}\beta_k(x,s)\left[|z_x(x,s)|^2\right]_t\mathrm{d}x\mathrm{d}s\\
=&\frac{1}{2}\int_0^1 \beta_k(x,s)|z_x(x,s)|^2\mathrm{d}x\Big|_0^t-\frac{1}{2}\int_0^t\int_0^1 \beta_{k,t}(x,s)|z_x(x,s)|^2\mathrm{d}x\mathrm{d}s.
\end{aligned}
$$

再根据 (2.4) 得

$$
\beta_{k,t}(x,t)=-\frac{k(1-k^2x^2)}{(1+kt)^2}=-\frac{k}{(1+kt)}\beta_k(x,t).
$$

因此有

$$
\begin{aligned}
J_2=&\frac{1}{2}\int_0^1 \beta_k(x,s)|z_x(x,s)|^2\mathrm{d}x\Big|_0^t\\
&+\frac{1}{2}\int_0^t \frac{k}{(1+ks)}\int_0^1 \beta_k(x,s)|z_x(x,s)|^2\mathrm{d}x\mathrm{d}s.
\end{aligned}\tag{2.8}
$$

根据 (2.4) 中 γ_k 的定义, 我们有

$$\begin{aligned}J_3 &= \int_0^t \int_0^1 \frac{1}{2}\gamma_k(x)\left[|z_t(x,s)|^2\right]_x \mathrm{d}x\mathrm{d}s \\ &= -\frac{1}{2}\int_0^t \int_0^1 \gamma_{k,x}(x)|z_t(x,s)|^2 \mathrm{d}x\mathrm{d}s \\ &= k\int_0^t \int_0^1 |z_t(x,s)|^2 \mathrm{d}x\mathrm{d}s. \end{aligned} \tag{2.9}$$

由 (2.7)—(2.9) 和 $E(t)$ 的定义, 得到

$$\begin{aligned}E(t) = &E_0 - \frac{1}{2}\int_0^t \frac{k}{(1+ks)}\int_0^1 \beta_k(x,s)|z_x(x,s)|^2 \mathrm{d}x\mathrm{d}s \\ &-\frac{k}{2}\int_0^t \int_0^1 |z_t(x,s)|^2 \mathrm{d}x\mathrm{d}s \\ = &E_0 - \frac{1}{2}\int_0^t \frac{k}{(1+ks)}\int_0^1 \beta_k(x,s)|z_x(x,s)|^2 \mathrm{d}x\mathrm{d}s \\ &-\frac{1}{2}\int_0^t \frac{k}{(1+ks)}\int_0^1 \alpha_k(x,s)|z_t(x,s)|^2 \mathrm{d}x\mathrm{d}s \\ = &E_0 - \int_0^t \frac{k}{(1+ks)}E(s)\mathrm{d}s.\end{aligned}$$

由上式得

$$E_t(t) = -\frac{k}{1+kt}E(t), \quad 0 \leqslant t \leqslant T.$$

于是

$$[(1+kt)E(t)]_t = 0, \quad 0 \leqslant t \leqslant T.$$

从而得到 (2.6). □

注 2.2 易验证 $0 < k < 1$, $(w^0, w^1) \in L^2(0,1) \times H^{-1}(0,1)$ 和 $v \in L^2(0,T)$, 系统 (2.3) 的转置解是唯一的. 从而我们有系统 (2.1) 的转置解是唯一的.

根据乘子的方法, 对于系统 (2.5), 我们有下面的恒等式.

引理 2.3 设 $q \in C^1([0,1])$, 则对于系统 (2.5) 任意的弱解 z 满足

$$
\begin{aligned}
&\left[\frac{1}{2}\int_0^T \beta_k(x,t)q(x)|z_x(x,t)|^2\mathrm{d}t\right]\Bigg|_0^1\\
=&\frac{1}{2}\int_0^T\int_0^1 q_x(x)\left[\alpha_k(t)|z_t(x,t)|^2\right.\\
&\left.+\beta_k(x,t)|z_x(x,t)|^2\right]\mathrm{d}x\mathrm{d}t\\
&-\int_0^T\int_0^1 \alpha_{k,t}(t)q(x)z_t(x,t)z_x(x,t)\mathrm{d}x\mathrm{d}t\\
&-\frac{1}{2}\int_0^T\int_0^1 \beta_{k,x}(x,t)q(x)|z_x(x,t)|^2\mathrm{d}x\mathrm{d}t\\
&+\int_0^1\left[\alpha_k(t)q(x)z_t(x,t)z_x(x,t)\right.\\
&\left.+\frac{1}{2}\gamma_k(x)q(x)|z_x(x,t)|^2\right]\mathrm{d}x\Bigg|_0^T.
\end{aligned}
\tag{2.10}
$$

证明　用 qz_x 乘 (2.5) 第一个方程并且在区域 Q 积分得

$$
\begin{aligned}
0=&\int_0^T\int_0^1 \alpha_k(t)z_{tt}(x,t)q(x)z_x(x,t)\mathrm{d}x\mathrm{d}t\\
&-\int_0^T\int_0^1 \left[\beta_k(x,t)z_x(x,t)\right]_x q(x)z_x(x,t)\mathrm{d}x\mathrm{d}t\\
&+\int_0^T\int_0^1 \gamma_k(x)z_{tx}(x,t)q(x)z_x(x,t)\mathrm{d}x\mathrm{d}t\\
\triangleq& L_1+L_2+L_3.
\end{aligned}
$$

下面我们分别计算 $L_i(i=1,2,3)$ 得

$$
\begin{aligned}
L_1=&\int_0^1 \alpha_k(t)q(x)z_t(x,t)z_x(x,t)\mathrm{d}x\Bigg|_0^T\\
&-\int_0^T\int_0^1 \left[\alpha_{k,t}(t)q(x)z_t(x,t)z_x(x,t)\right.\\
&\left.+\alpha_k(t)q(x)z_t(x,t)z_{tx}(x,t)\right]\mathrm{d}x\mathrm{d}t\\
=&\int_0^1 \alpha_k(t)q(x)z_t(x,t)z_x(x,t)\mathrm{d}x\Bigg|_0^T\\
&-\int_0^T\int_0^1 \alpha_{k,t}(t)q(x)z_t(x,t)z_x(x,t)\mathrm{d}x\mathrm{d}t\\
&+\frac{1}{2}\int_0^T\int_0^1 \alpha_k(t)q_x(x)|z_t(x,t)|^2\mathrm{d}x\mathrm{d}t,
\end{aligned}
\tag{2.11}
$$

$$
\begin{aligned}
L_2 = & -\int_0^T \beta_k(x,t)q(x)|z_x(x,t)|^2\mathrm{d}t\bigg|_0^1 \\
& +\int_0^T\int_0^1 \big[\beta_k(x,t)q_x(x)|z_x(x,t)|^2 \\
& +\beta_k(x,t)q(x)z_x(x,t)z_{xx}(x,t)\big]\,\mathrm{d}x\mathrm{d}t \\
= & -\int_0^T \beta_k(x,t)q(x)|z_x(x,t)|^2\mathrm{d}t\bigg|_0^1 \\
& +\int_0^T\int_0^1 \beta_k(x,t)q_x(x)|z_x(x,t)|^2\mathrm{d}x\mathrm{d}t \\
& +\frac{1}{2}\int_0^T \beta_k(x,t)q(x)|z_x(x,t)|^2\mathrm{d}t\bigg|_0^1 \\
& -\frac{1}{2}\int_0^T\int_0^1 [\beta_k(x,t)q(x)]_x|z_x(x,t)|^2\mathrm{d}x\mathrm{d}t \\
= & -\frac{1}{2}\int_0^T \beta_k(x,t)q(x)|z_x(x,t)|^2\mathrm{d}t\bigg|_0^1 \\
& +\frac{1}{2}\int_0^T\int_0^1 \big[\beta_k(x,t)q_x(x)|z_x(x,t)|^2 \\
& -\beta_{k,x}(x,t)q(x)|z_x(x,t)|^2\big]\,\mathrm{d}x\mathrm{d}t
\end{aligned} \tag{2.12}
$$

和

$$
L_3 = \frac{1}{2}\int_0^1 \gamma_k(x)q(x)|z_x(x,t)|^2\mathrm{d}x\bigg|_0^T. \tag{2.13}
$$

根据 (2.11)—(2.13), 我们得到 (2.10). □

下面我们根据两个引理来证明系统 (2.5) 的两个重要不等式, 即下面两个定理.

定理 2.4 设 $T>0$. 对于任意的初值 $(z^0,z^1)\in H_0^1(0,1)\times L^2(0,1)$, 则存在常数 $C>0$, 使得系统 (2.5) 的弱解 z 满足

$$
\int_0^T \beta_k(1,t)|z_x(1,t)|^2\mathrm{d}t \leqslant C\left(|z^0|^2_{H_0^1(0,1)}+|z^1|^2_{L^2(0,1)}\right). \tag{2.14}
$$

证明 在 (2.10) 中, 我们取 $q(x)=x,\ x\in[0,1]$. 又 $\alpha_k'(t)=k,\ \beta_{k,x}(x,t)=$

$\dfrac{-2k^2x}{1+kt}$ 和 $\gamma_k(x)=-2kx$, 得到

$$\begin{aligned}&\frac{1}{2}\int_0^T\beta_k(1,t)|z_x(1,t)|^2\mathrm{d}t\\=&\int_0^T E(t)\mathrm{d}t-\int_0^T\int_0^1 kxz_t(x,t)z_x(x,t)\mathrm{d}x\mathrm{d}t\\&+\int_0^T\int_0^1\frac{k^2x^2}{1+kt}|z_x(x,t)|^2\mathrm{d}x\mathrm{d}t\\&+\int_0^1\left[\alpha_k(t)xz_t(x,t)z_x(x,t)-kx^2|z_x(x,t)|^2\right]\mathrm{d}x\Big|_0^T.\end{aligned}\tag{2.15}$$

下面我们估计等式 (2.15) 右端的每一项. 我们知道

$$1\leqslant\alpha_k(t)\leqslant 1+kT$$

和

$$0<\frac{1-k^2}{1+kT}\leqslant\beta_k(x,t)\leqslant 1,\quad (x,t)\in Q,$$

再由 (2.6), 有

$$\begin{aligned}&\int_0^T E(t)\mathrm{d}t-\int_0^T\int_0^1 kxz_t(x,t)z_x(x,t)\mathrm{d}x\mathrm{d}t\\&+\int_0^T\int_0^1\frac{k^2x^2}{1+kt}|z_x(x,t)|^2\mathrm{d}x\mathrm{d}t\\\leqslant&\int_0^T E(t)\mathrm{d}t+C\int_0^T\int_0^1\left[|z_t(x,t)|^2+|z_x(x,t)|^2\right]\mathrm{d}x\mathrm{d}t\\\leqslant&\int_0^T E(t)\mathrm{d}t+C\int_0^T\int_0^1\left[\alpha_t(t)|z_t(x,t)|^2\right.\\&\left.+\beta_k(x,t)|z_x(x,t)|^2\right]\mathrm{d}x\mathrm{d}t\\\leqslant&CE_0.\end{aligned}\tag{2.16}$$

另一方面 $\forall t\in[0,T]$, $\varepsilon>0$, 有

$$\begin{aligned}&\left|\int_0^1\left[\alpha_k(t)xz_t(x,t)z_x(x,t)-kx^2|z_x(x,t)|^2\right]\mathrm{d}x\right|\\\leqslant&\sqrt{1+kt}\left[\frac{1}{2\varepsilon}\int_0^1\alpha_k(t)|z_t(x,t)|^2\mathrm{d}x\right.\end{aligned}$$

$$+\frac{\varepsilon}{2}\int_0^1 x^2|z_x(x,t)|^2\mathrm{d}x\Big] + k\int_0^1 x^2|z_x(x,t)|^2\mathrm{d}x$$

$$\leqslant \frac{\sqrt{1+kt}}{2\varepsilon}\int_0^1 \alpha_k(t)|z_t(x,t)|^2\mathrm{d}x$$

$$+\left(\frac{\sqrt{1+kt}}{2}\varepsilon + k\right)\int_0^1 x^2|z_x(x,t)|^2\mathrm{d}x$$

$$\leqslant \frac{\sqrt{1+kt}}{\varepsilon}\frac{1}{2}\int_0^1 \alpha_k(t)|z_t(x,t)|^2\mathrm{d}x$$

$$+\frac{2\left(\frac{\sqrt{1+kt}}{2}\varepsilon + k\right)(1+kt)}{1-k^2}\frac{1}{2}\int_0^1 \beta_k(x,t)|z_x(x,t)|^2\mathrm{d}x.$$

取 $\varepsilon = \dfrac{1-k}{\sqrt{1+kt}}$, 则有

$$\varepsilon > 0,$$

并且

$$\frac{\sqrt{1+kt}}{\varepsilon} = \frac{2\left(\frac{\sqrt{1+kt}}{2}\varepsilon + k\right)(1+kt)}{1-k^2} = \frac{1+kt}{1-k}.$$

于是 $\forall t \in [0,T]$, 有

$$\left|\int_0^1 \left[\alpha_k(t)xz_t(x,t)z_x(x,t) - kx^2|z_x(x,t)|^2\right]\mathrm{d}x\right|$$

$$\leqslant \frac{1+kt}{1-k}E(t)$$

$$= \frac{1}{1-k}E_0.$$

从而有

$$\left|\int_0^1 \left[\alpha_k(t)xz_t(x,t)z_x(x,t) - kx^2|z_x(x,t)|^2\right]\mathrm{d}x\Big|_0^T\right| \leqslant \frac{2}{1-k}E_0. \tag{2.17}$$

因此, 由 (2.15)—(2.17), 得到

$$\frac{1}{2}\int_0^T \beta_k(1,t)|z_x(1,t)|^2\mathrm{d}t \leqslant CE_0 \leqslant C\left(|z^0|^2_{H_0^1(0,1)} + |z^1|^2_{L^2(0,1)}\right).$$

□

注 2.3 由定理 2.4 可以得到, 对于任意初值 $(z_0, z_1) \in H_0^1(0,1) \times L^2(0,1)$, 系统 (2.5) 的解满足 $z_x(1,\cdot) \in L^2(0,T)$.

定理 2.5　设 $T > T_k^*$. 对于任意的初值 $(z^0, z^1) \in H_0^1(0,1) \times L^2(0,1)$, 则存在常数 $C > 0$, 使得系统 (2.5) 的弱解 z 满足

$$\int_0^T \beta_k(1,t)|z_x(1,t)|^2 \mathrm{d}t \geqslant C\left(|z^0|^2_{H_0^1(0,1)} + |z^1|^2_{L^2(0,1)}\right). \tag{2.18}$$

证明　我们估计 (2.15) 右端的每一项. 首先对于 $\varepsilon \in \left(0, \dfrac{1}{2}\right)$, 有

$$\begin{aligned}
&\int_0^T E(t)\mathrm{d}t - \int_0^T\int_0^1 kxz_t(x,t)z_x(x,t)\mathrm{d}x\mathrm{d}t \\
&+ \int_0^T\int_0^1 \frac{k^2x^2}{1+kt}|z_x(x,t)|^2\mathrm{d}x\mathrm{d}t \\
\geqslant &\int_0^T\int_0^1 \left\{\frac{1-\varepsilon}{2}\alpha_k(t)|z_t(x,t)|^2\right. \\
&\left.+ \left[\frac{1}{2}\beta_k(x,t) + \left(1-\frac{1}{2\varepsilon}\right)\frac{k^2x^2}{1+kt}\right]|z_x(x,t)|^2\right\}\mathrm{d}x\mathrm{d}t \\
= &\int_0^T\int_0^1 \left\{(1-\varepsilon)\frac{\alpha_k(t)}{2}|z_t(x,t)|^2\right. \\
&\left.+ \left[1+\left(2-\frac{1}{\varepsilon}\right)\frac{k^2x^2}{1-k^2x^2}\right]\frac{\beta_k(x,t)}{2}|z_x(x,t)|^2\right\}\mathrm{d}x\mathrm{d}t \\
\geqslant &\int_0^T\int_0^1 \left\{(1-\varepsilon)\frac{\alpha_k(t)}{2}|z_t(x,t)|^2\right. \\
&\left.+ \left[1+\left(2-\frac{1}{\varepsilon}\right)\frac{k^2}{1-k^2}\right]\frac{\beta_k(x,t)}{2}|z_x(x,t)|^2\right\}\mathrm{d}x\mathrm{d}t.
\end{aligned}$$

取 $\varepsilon = \dfrac{k}{1+k}$, 我们易验证

$$0 < \varepsilon < \frac{1}{2},$$

且

$$1-\varepsilon = 1+\left(2-\frac{1}{\varepsilon}\right)\frac{k^2}{1-k^2} = \frac{1}{1+k}.$$

从而有

$$\begin{aligned}
&\int_0^T E(t)\mathrm{d}t - \int_0^T\int_0^1 kxz_t(x,t)z_x(x,t)\mathrm{d}x\mathrm{d}t \\
&+ \int_0^T\int_0^1 \frac{k^2x^2}{1+kt}|z_x(x,t)|^2\mathrm{d}x\mathrm{d}t
\end{aligned}$$

$$\begin{aligned}&\geqslant \frac{1}{1+k}\int_0^T E(t)\mathrm{d}t\\&=\frac{1}{1+k}\int_0^T \frac{1}{1+kt}\mathrm{d}tE_0.\end{aligned}\tag{2.19}$$

因此, 由 (2.15), (2.17) 和 (2.19), 有

$$\begin{aligned}&\frac{1}{2}\int_0^T \beta_k(1,t)|z_x(1,t)|^2\mathrm{d}t\\&\geqslant\frac{1}{1+k}\int_0^T\frac{1}{1+kt}\mathrm{d}tE_0-\frac{2}{1-k}E_0\\&=\frac{1}{k(1+k)}\ln(1+kT)E_0-\frac{2}{1-k}E_0\\&=\left[\frac{1}{k(1+k)}\ln(1+kT)-\frac{2}{1-k}\right]E_0.\end{aligned}$$

当 $T>T_k^*$, 有

$$\frac{1}{k(1+k)}\ln(1+kT)-\frac{2}{1-k}>0,$$

并且

$$\begin{aligned}&\frac{1}{2}\int_0^T \beta_k(1,t)|z_x(1,t)|^2\mathrm{d}t\\&\geqslant C\left[\frac{1}{k(1+k)}\ln(1+kT)-\frac{2}{1-k}\right](|z^0|^2_{H_0^1(0,1)}+|z^1|^2_{L^2(0,1)}).\end{aligned}$$

□

2.2.3 能控性的证明

这一小节我们主要证明定理 2.3. 我们将分三步来证明.

第一步 首先我们定义一个线性算子

$$\Lambda: H_0^1(0,1)\times L^2(0,1)\to H^{-1}(0,1)\times L^2(0,1).$$

对于任意的初值 $(z^0,z^1)\in H_0^1(0,1)\times L^2(0,1)$, 用 z 表示 (2.5) 的解. 我们考虑下面的齐次线性波动方程:

$$\begin{cases} \eta_{tt} - \left[\dfrac{\beta_k(x,t)}{\alpha_k(t)}\eta_x\right]_x + \dfrac{\gamma_k(x)}{\alpha_k(t)}\eta_{tx} = 0, & (x,t) \in Q, \\ \eta(0,t) = 0,\ \eta(1,t) = z_x(1,t), & t \in (0,T), \\ \eta(x,T) = \eta_t(x,T) = 0, & x \in (0,1). \end{cases} \tag{2.20}$$

我们知道系统 (2.20) 存在唯一转置解

$$\eta \in C([0,T]; L^2(0,1)) \bigcap C^1([0,T]; H^{-1}(0,1)).$$

并且根据定理 2.4, 存在常数 $C > 0$

$$\begin{aligned} |\eta|_{C([0,T];L^2(0,1))\cap C^1([0,T];H^{-1}(0,1))} &\leqslant C|z_x(1,\cdot)|_{L^2(0,T)} \\ &\leqslant C\left(|z^0|_{H_0^1(0,1)} + |z^1|_{L^2(0,1)}\right). \end{aligned} \tag{2.21}$$

下面我们定义线性算子 Λ:

$$\begin{aligned} \Lambda : & H_0^1(0,1) \times L^2(0,1) \to H^{-1}(0,1) \times L^2(0,1), \\ & (z^0, z^1) \mapsto (\eta_t(\cdot,0) + \gamma_k(\cdot)\eta_x(\cdot,0) - k\eta(\cdot,0),\ -\eta(\cdot,0)), \end{aligned}$$

其中 η 为系统 (2.20) 的解.

设 $F = H_0^1(0,1) \times L^2(0,1)$ 并且用 F' 表示其共轭空间. 同时我们在 $(H_0^1(0,1) \times L^2(0,1))^2$ 上定义一个双线性型 A: 对于任意 (z^0, z^1), $(y^0, y^1) \in H_0^1(0,1) \times L^2(0,1)$,

$$\begin{aligned} A\left((z^0,z^1),(y^0,y^1)\right) \triangleq & \langle \Lambda(z^0,z^1),(y^0,y^1)\rangle_{F',F} \\ = & \langle \eta_t(\cdot,0) + \gamma_k(\cdot)\eta_x(\cdot,0), y^0\rangle_{H^{-1},H_0^1} \\ & - \int_0^1 \left[k\eta(x,0)y^0(x) + \eta(x,0)y^1(x)\right] \mathrm{d}x. \end{aligned}$$

第二步　我们将证明当 $T > T_k^*$, Λ 是一个同胚映射.

用 $\alpha_k(t)z$ 乘系统 (2.20) 第一个方程两端并且在 Q 积分, 根据系统 (2.5) 有

$$
\begin{aligned}
&\int_0^T \beta_k(1,t)|z_x(1,t)|^2\mathrm{d}t\\
=&\langle \eta_t(\cdot,0)+\gamma_k(\cdot)\eta_x(\cdot,0), z^0\rangle_{H^{-1},H_0^1}\\
&-\int_0^1 \left[k\eta(x,0)z^0(x)+\eta(x,0)z^1(x)\right]\mathrm{d}x.
\end{aligned}
$$

再根据 Λ 的定义, 有

$$
\int_0^T \beta_k(1,t)|z_x(1,t)|^2\mathrm{d}t = \langle \Lambda(z^0,z^1),(z^0,z^1)\rangle_{F',F}. \tag{2.22}
$$

根据定理 2.4 和定理 2.5, 我们只需证明 Λ 是满射. 根据定理 2.5, A 是强制的. 根据定理 2.4 知 A 是有界的. 因此根据 Lax-Milgram 引理有 Λ 是满射. 从而 Λ 是同胚映射.

第三步 我们来证明定理 2.3.

首先对于任意的目标 $(w_d^0, w_d^1)\in L^2(0,1)\times H^{-1}(0,1)$,

$$
\begin{cases}
\xi_{tt}-\left[\dfrac{\beta_k(x,t)}{\alpha_k(t)}\xi_x\right]_x+\dfrac{\gamma_k(x)}{\alpha_k(t)}\xi_{tx}=0, & (x,t)\in Q,\\
\xi(0,t)=0,\ \xi(1,t)=0, & t\in(0,T),\\
\xi(T)=w_d^0,\ \xi_t(T)=w_d^1, & x\in(0,1),
\end{cases} \tag{2.23}
$$

存在唯一的弱解

$$
\xi\in C([0,T];L^2(0,1))\bigcap C^1([0,T];H^{-1}(0,1)).
$$

因 Λ 是同胚映射, 对于任意的初值 $(w^0,w^1)\in L^2(0,1)\times H^{-1}(0,1)$, 都存在 $(z^0,z^1)\in H_0^1(0,1)\times L^2(0,1)$ 使得

$$
\begin{aligned}
\Lambda(z^0,z^1)=\big(&[w^1-\xi_t(0)]-k[w^0-\xi(0)]\\
&+\gamma_k[w_x^0-\xi_x(0)],\ -[w^0-\xi(0)]\big),
\end{aligned} \tag{2.24}
$$

其中 η 为系统 (2.20) 的解. 于是, 根据 Λ 的定义, 易验证

$$
(\eta(0),\eta_t(0))=\left(w^0-\xi(0),w^1-\xi_t(0)\right).
$$

因此, 令

$$w = \xi + \eta,$$

则 w 相应于 $v = z_x(1,\cdot)$ 系统 (2.3) 的解. 并且满足

$$(w(0), w_t(0)) = (w^0, w^1)$$

和

$$(w(T), w_t(T)) = (w_d^0, w_d^1).$$

□

注 2.4　根据同胚变换, 定理 2.3 可以得出, 当 $T > T_k^*$ 时, 系统 (2.1) 是边界精确能控的.

2.3　系统的 Dirichlet-Neumann 边界的边界精确能控性

下面我们主要证明系统 (2.2) 的边界精确能控性, 即证明定理 2.2, 我们同样分三个小节来给出这个定理的证明. 实际上证明方法与 2.2 节类似, 主要区别是我们选取不同的对偶方程, 得到了不同的能量等式.

2.3.1　柱状区域上变系数波动方程的能控性

设

$$x = \frac{y}{\alpha_k(t)}, \quad w(x,t) = u(y,t) = u(\alpha_k(t)x, t).$$

当 $(y,t) \in \widehat{Q}_T^k$, 则 $(x,t) \in Q$. 从而系统 (2.2) 转化成下面柱状区域上变系数波动方程:

$$\begin{cases} w_{tt} - \left[\dfrac{\beta_k(x,t)}{\alpha_k(t)} w_x\right]_x + \dfrac{\gamma_k(x)}{\alpha_k(t)} w_{tx} = 0, & (x,t) \in Q, \\ w(0,t) = 0,\ w_x(1,t) = \overline{v_1}(t), & t \in (0,T), \\ w(x,0) = w^0,\ w_t(x,0) = w^1, & x \in (0,1), \end{cases} \tag{2.25}$$

其中

$$\overline{v_1}(t)=\alpha_k(t)v_1(t),\quad \beta_k(x,t)=\frac{1-k^2x^2}{\alpha_k(t)},$$
$$\gamma_k(x)=-2kx,\quad w^0=u^0,\quad w^1=u^1+kxu_x^0. \tag{2.26}$$

根据文献 [59] 得到, 对于任意初值 $(w^0,w^1)\in L^2(0,1)\times[V(0,1)]'$ 和 $\overline{v_1}\in L^2(0,T)$, 系统 (2.25) 存在唯一的转置解

$$w\in C([0,T];L^2(0,1))\bigcap C^1([0,T];[V(0,1)]').$$

于是系统 (2.2) 的能控性结果 (定理 2.2) 转化成系统 (2.25) 的能控性结果.

定理 2.6 设 $k\in(0,1)$. 对于任意初值 $(w^0,w^1)\in L^2(0,1)\times[V(0,1)]'$ 和目标 $(w_d^0,w_d^1)\in L^2(0,1)\times[V(0,1)]'$, 则存在控制 $\overline{v_1}\in L^2(0,T)$, 使得系统 (2.25) 的转置解 w 满足

$$w(T)=w_d^0,\quad w_t(T)=w_d^1.$$

2.3.2 对偶方程的两个重要不等式

首先我们给出系统 (2.25) 对偶系统的两个重要不等式.

我们设系统 (2.25) 的对偶系统如下:

$$\begin{cases}\alpha_k(t)z_{tt}-[\beta_k(x,t)z_x]_x+\gamma_k(x)z_{tx}=0, & (x,t)\in Q,\\ z(0,t)=0,\ \beta_k(1,t)z_x(1,t)-\gamma_k(1)z_t(1,t)=0, & t\in(0,T),\\ z(x,0)=z^0,\ z_t(x,0)=z^1, & x\in(0,1),\end{cases} \tag{2.27}$$

根据文献 [59], [76] 有, 当 $k\in(0,1)$, 对于任意的初值 $(z^0,z^1)\in V(0,1)\times L^2(0,1)$, 系统 (2.27) 存在唯一的弱解

$$z\in C([0,T];V(0,1))\bigcap C^1([0,T];L^2(0,1)).$$

类似地定义系统 (2.27) 加权的能量函数:

$$E(t)=\frac{1}{2}\int_0^1\left[\alpha_k(t)|z_t(x,t)|^2+\beta_k(x,t)|z_x(x,t)|^2\right]\mathrm{d}x,\quad t\geqslant 0.$$

同时我们设

$$E_0 \triangleq E(0) = \frac{1}{2}\int_0^1 \left[|z^1(x)|^2 + \beta_k(x,0)|z_x^0(x)|^2\right] \mathrm{d}x.$$

接着我们给出两个引理.

引理 2.4　对于任意的初值 $(z^0, z^1) \in V(0,1) \times L^2(0,1)$, 系统 (2.27) 有

$$E(t) = \frac{1}{\alpha_k(t)} E_0 - \frac{k}{\alpha_k(t)} \int_0^t \alpha_k(s)|z_t(1,s)|^2 \mathrm{d}s, \quad 0 \leqslant t \leqslant T. \tag{2.28}$$

证明　系统 (2.27) 的第一个方程两端乘 z_t 并在区域 $(0,1)\times(0,t), 0 < t \leqslant T$ 上积分有

$$\begin{aligned} 0 = &\int_0^t \int_0^1 \{\alpha_k(s) z_{tt}(x,s) z_t(x,s) \\ &- [\beta_k(x,s) z_x(x,s)]_x z_t(x,s) \\ &+ \gamma_k(x) z_{tx}(x,s) z_t(x,s)\} \mathrm{d}x\mathrm{d}s \\ \triangleq & M_1 + M_2 + M_3. \end{aligned}$$

下面我们分别计算 M_i $(i = 1,2,3)$.

$$\begin{aligned} M_1 = &\int_0^t \int_0^1 \frac{1}{2}\alpha_k(s) \left[|z_t(x,s)|^2\right]_t \mathrm{d}x\mathrm{d}s \\ = &\frac{1}{2}\int_0^1 \alpha_k(s)|z_t(x,s)|^2 \mathrm{d}x \Big|_0^t \\ &- \frac{k}{2}\int_0^t \int_0^1 |z_t(x,s)|^2 \mathrm{d}x\mathrm{d}s. \end{aligned} \tag{2.29}$$

根据系统 (2.27) 的边值条件得到

$$\begin{aligned} M_2 = &-\int_0^t \beta_k(x,s) z_x(x,s) z_t(x,s) \mathrm{d}s \Big|_0^1 \\ &+ \int_0^t \int_0^1 \beta_k(x,s) z_x(x,s) z_{xt}(x,s) \mathrm{d}x\mathrm{d}s \\ = &-\int_0^t \beta_k(x,s) z_x(x,s) z_t(x,s) \mathrm{d}s \Big|_0^1 \\ &+ \frac{1}{2}\int_0^1 \beta_k(x,s)|z_x(x,s)|^2 \mathrm{d}x \Big|_0^t \\ &- \frac{1}{2}\int_0^t \int_0^1 \beta_{k,t}(x,s)|z_x(x,s)|^2 \mathrm{d}x\mathrm{d}s \end{aligned}$$

$$
\begin{aligned}
=&-\int_0^t \gamma_k(1)|z_t(1,s)|^2\mathrm{d}s\\
&+\frac{1}{2}\int_0^1 \beta_k(x,s)|z_x(x,s)|^2\mathrm{d}x\Big|_0^t\\
&-\frac{1}{2}\int_0^t\int_0^1 \beta_{k,t}(x,s)|z_x(x,s)|^2\mathrm{d}x\mathrm{d}s.
\end{aligned}
$$

再根据 (2.26) 得

$$
\beta_{k,t}(x,t)=-\frac{k(1-k^2x^2)}{(1+kt)^2}=-\frac{k}{(1+kt)}\beta_k(x,t).
$$

因此有

$$
\begin{aligned}
M_2=&-\int_0^t\int_0^1 [\beta_k(x,s)z_x(x,s)]_x\, z_t(x,s)\mathrm{d}x\mathrm{d}s\\
=&-\int_0^t \gamma_k(1)|z_t(1,s)|^2\mathrm{d}s\\
&+\frac{1}{2}\int_0^1 \beta_k(x,s)|z_x(x,s)|^2\mathrm{d}x\Big|_0^t\\
&+\frac{1}{2}\int_0^t \frac{k}{(1+ks)}\int_0^1 \beta_k(x,s)|z_x(x,s)|^2\mathrm{d}x\mathrm{d}s.
\end{aligned}\tag{2.30}
$$

根据 (2.26) 中 γ_k 的定义, 我们有

$$
\begin{aligned}
M_3=&\frac{1}{2}\int_0^t \gamma_k(x)|z_t(x,s)|^2\mathrm{d}s\Big|_0^1\\
&-\frac{1}{2}\int_0^t\int_0^1 \gamma_{k,x}(x)|z_t(x,s)|^2\mathrm{d}x\mathrm{d}s\\
=&\frac{1}{2}\int_0^t \gamma_k(1)|z_t(1,s)|^2\mathrm{d}s\\
&-\frac{1}{2}\int_0^t\int_0^1 \gamma_{k,x}(x)|z_t(x,s)|^2\mathrm{d}x\mathrm{d}s.
\end{aligned}
$$

又由于 $\gamma_{k,x}(x)=-2k$, 我们有

$$
M_3=\frac{1}{2}\int_0^t \gamma_k(1)|z_t(1,s)|^2\mathrm{d}s+k\int_0^t\int_0^1 |z_t(x,s)|^2\mathrm{d}x\mathrm{d}s.\tag{2.31}
$$

由 (2.29)—(2.31) 和 $E(t)$ 的定义, 得到

$$
\begin{aligned}
E(t) =& E_0 + \frac{1}{2}\int_0^t \gamma_k(1)|z_t(1,s)|^2 \mathrm{d}s \\
& - \frac{1}{2}\int_0^t \frac{k}{(1+ks)}\int_0^1 \beta_k(x,s)|z_x(x,s)|^2 \mathrm{d}x\mathrm{d}s \\
& - \frac{k}{2}\int_0^t \int_0^1 |z_t(x,s)|^2 \mathrm{d}x\mathrm{d}s \\
=& E_0 - \int_0^t k|z_t(1,s)|^2 \mathrm{d}s \\
& - \frac{1}{2}\int_0^t \frac{k}{(1+ks)}\int_0^1 \beta_k(x,s)|z_x(x,s)|^2 \mathrm{d}x\mathrm{d}s \\
& - \frac{1}{2}\int_0^t \frac{k}{(1+ks)}\int_0^1 \alpha_k(x,s)|z_t(x,s)|^2 \mathrm{d}x\mathrm{d}s \\
=& E_0 - \int_0^t k|z_t(1,s)|^2 \mathrm{d}s - \int_0^t \frac{k}{(1+ks)} E(s)\mathrm{d}s,
\end{aligned}
$$

由上式得

$$
E_t(t) = -\frac{k}{1+kt}E(t) - k|z_t(1,t)|^2, \quad 0 \leqslant t \leqslant T.
$$

于是

$$
[(1+kt)E(t)]_t = -k(1+kt)|z_t(1,t)|^2, \quad 0 \leqslant t \leqslant T,
$$

从而得到 (2.28). □

注 2.5　由 (2.28) 易验证

$$
E(t) < \frac{1}{\alpha_k(t)} E_0 < E_0.
$$

引理 2.5　设 $q \in C^1([0,1])$, 则对于系统 (2.27) 任意的弱解 z 满足

$$
\begin{aligned}
& \left[\frac{1}{2}\int_0^T \beta_k(x,t)q(x)|z_x(x,t)|^2 \mathrm{d}t\right]\Bigg|_0^1 \\
& + \frac{1}{2}\int_0^T \alpha_k(t)q(1)|z_t(1,t)|^2 \mathrm{d}t \\
=& \frac{1}{2}\int_0^T \int_0^1 q_x(x)\left[\alpha_k(t)|z_t(x,t)|^2\right. \\
& \left. + \beta_k(x,t)|z_x(x,t)|^2\right] \mathrm{d}x\mathrm{d}t
\end{aligned}
$$

$$
\begin{aligned}
&-\int_0^T\int_0^1 \alpha_{k,t}(t)q(x)z_t(x,t)z_x(x,t)\mathrm{d}x\mathrm{d}t\\
&-\frac{1}{2}\int_0^T\int_0^1 \beta_{k,x}(x,t)q(x)|z_x(x,t)|^2\mathrm{d}x\mathrm{d}t\\
&+\left\{\int_0^1\left[\alpha_k(t)q(x)z_t(x,t)z_x(x,t)\right.\right.\\
&\left.\left.+\frac{1}{2}\gamma_k(x)q(x)|z_x(x,t)|^2\right]\mathrm{d}x\right\}\Bigg|_0^T.
\end{aligned}
\tag{2.32}
$$

证明 用 qz_x 乘 (2.27) 第一个方程并且在区域 Q 积分得

$$
\begin{aligned}
0=&\int_0^T\int_0^1 \alpha_k(t)z_{tt}(x,t)q(x)z_x(x,t)\mathrm{d}x\mathrm{d}t\\
&-\int_0^T\int_0^1 \left[\beta_k(x,t)z_x(x,t)\right]_x q(x)z_x(x,t)\mathrm{d}x\mathrm{d}t\\
&+\int_0^T\int_0^1 \gamma_k(x)z_{tx}(x,t)q(x)z_x(x,t)\mathrm{d}x\mathrm{d}t\\
\triangleq& N_1+N_2+N_3.
\end{aligned}
$$

下面我们分别计算 $N_i(i=1,2,3)$ 得

$$
\begin{aligned}
N_1=&\int_0^1 \alpha_k(t)q(x)z_t(x,t)z_x(x,t)\mathrm{d}x\Big|_0^T\\
&-\int_0^T\int_0^1 \alpha_{k,t}(t)q(x)z_t(x,t)z_x(x,t)\mathrm{d}x\mathrm{d}t\\
&-\frac{1}{2}\int_0^T \alpha_k(t)q(x)|z_t(x,t)|^2\mathrm{d}t\Big|_0^1\\
&+\frac{1}{2}\int_0^T\int_0^1 \alpha_k(t)q_x(x)|z_t(x,t)|^2\mathrm{d}x\mathrm{d}t\\
=&\int_0^1 \alpha_k(t)q(x)z_t(x,t)z_x(x,t)\mathrm{d}x\Big|_0^T\\
&-\int_0^T\int_0^1 \alpha_{k,t}(t)q(x)z_t(x,t)z_x(x,t)\mathrm{d}x\mathrm{d}t\\
&-\frac{1}{2}\int_0^T \alpha_k(t)q(1)|z_t(1,t)|^2\mathrm{d}t\\
&+\frac{1}{2}\int_0^T\int_0^1 \alpha_k(t)q_x(x)|z_t(x,t)|^2\mathrm{d}x\mathrm{d}t.
\end{aligned}
\tag{2.33}
$$

$$
\begin{aligned}
N_2 =& -\int_0^T\int_0^1 [\beta_k(x,t)z_x(x,t)]_x\, q(x)z_x(x,t)\mathrm{d}x\mathrm{d}t \\
=& -\int_0^T \beta_k(x,t)q(x)|z_x(x,t)|^2\mathrm{d}t\Big|_0^1 \\
&+\int_0^T\int_0^1 \big[\beta_k(x,t)q_x(x)|z_x(x,t)|^2 \\
&+\beta_k(x,t)z_x(x,t)q(x)z_{xx}(x,t)\big]\,\mathrm{d}x\mathrm{d}t \\
=& -\int_0^T \beta_k(x,t)q(x)|z_x(x,t)|^2\mathrm{d}t\Big|_0^1 \\
&+\int_0^T\int_0^1 \beta_k(x,t)q_x(x)|z_x(x,t)|^2\mathrm{d}x\mathrm{d}t \\
&+\frac{1}{2}\int_0^T \beta_k(x,t)q(x)|z_x(x,t)|^2\mathrm{d}t\Big|_0^1 \\
&-\frac{1}{2}\int_0^T\int_0^1 [\beta_k(x,t)q(x)]_x|z_x(x,t)|^2\mathrm{d}x\mathrm{d}t.
\end{aligned}
$$

从上面等式得到

$$
\begin{aligned}
N_2 =& -\frac{1}{2}\int_0^T \beta_k(x,t)q(x)|z_x(x,t)|^2\mathrm{d}t\Big|_0^1 \\
&+\frac{1}{2}\int_0^T\int_0^1 \big[\beta_k(x,t)q_x(x)|z_x(x,t)|^2 \\
&-\beta_{k,x}(x,t)q(x)|z_x(x,t)|^2\big]\,\mathrm{d}x\mathrm{d}t. \qquad (2.34)
\end{aligned}
$$

$$
N_3 = \frac{1}{2}\int_0^1 \gamma_k(x)q(x)|z_x(x,t)|^2\mathrm{d}x\Big|_0^T. \qquad (2.35)
$$

根据 (2.33)—(2.35), 我们得到 (2.32). □

下面我们根据两个引理来证明系统 (2.27) 的两个重要不等式, 即下面两个定理.

定理 2.7　设 $T>0$. 对于任意的初值 $(z^0,z^1)\in V(0,1)\times L^2(0,1)$, 则存在常数 $C>0$, 使得系统 (2.27) 的弱解 z 满足

$$
\int_0^T |z_x(1,t)|^2\mathrm{d}t \leqslant C\left(|z^0|^2_{V(0,1)}+|z^1|^2_{L^2(0,1)}\right). \qquad (2.36)
$$

证明 在 (2.32) 中, 我们取 $q(x)=x,\ x\in[0,1]$. 又 $\alpha_k'(t)=k,\ \beta_{k,x}(x,t)=\dfrac{-2k^2x}{1+kt}$ 和 $\gamma_k(x)=-2kx$, 得到

$$
\begin{aligned}
&\left(\frac{1}{2}+\frac{2k^2}{1-k^2}\right)\int_0^T \alpha_k(t)|z_t(1,t)|^2\mathrm{d}t\\
=&\int_0^T E(t)\mathrm{d}t-\int_0^T\int_0^1 kxz_t(x,t)z_x(x,t)\mathrm{d}x\mathrm{d}t\\
&+\int_0^T\int_0^1\frac{k^2x^2}{1+kt}|z_x(x,t)|^2\mathrm{d}x\mathrm{d}t\\
&+\left\{\int_0^1\left[\alpha_k(t)xz_t(x,t)z_x(x,t)-kx^2|z_x(x,t)|^2\right]\mathrm{d}x\right\}\Bigg|_0^T.
\end{aligned}\tag{2.37}
$$

下面我们估计等式 (2.37) 右端的每一项. 利用 Young 不等式, 有

$$
\begin{aligned}
&\int_0^T E(t)\mathrm{d}t+\int_0^T\int_0^1\frac{k^2x^2}{1+kt}|z_x(x,t)|^2\mathrm{d}x\mathrm{d}t\\
&-\int_0^T\int_0^1 kxz_t(x,t)z_x(x,t)\mathrm{d}x\mathrm{d}t\\
\leqslant&\int_0^T E(t)\mathrm{d}t+\int_0^T\int_0^1\frac{k^2x^2}{1+kt}|z_x(x,t)|^2\mathrm{d}x\mathrm{d}t\\
&+\frac{1}{2}\int_0^T\int_0^1\frac{k^2x^2}{1+kt}|z_x(x,t)|^2\mathrm{d}x\mathrm{d}t\\
&+\frac{1}{2}\int_0^T\int_0^1\alpha_k(t)|z_t(x,t)|^2\mathrm{d}x\mathrm{d}t\\
=&\int_0^T E(t)\mathrm{d}t+\frac{3}{2}\int_0^T\int_0^1\frac{k^2x^2}{1-k^2x^2}\beta_k(x,t)|z_x(x,t)|^2\mathrm{d}x\mathrm{d}t\\
&+\frac{1}{2}\int_0^T\int_0^1\alpha_k(t)|z_t(x,t)|^2\mathrm{d}x\mathrm{d}t\\
\leqslant&\int_0^T E(t)\mathrm{d}t+\frac{3}{2}\frac{k^2}{1-k^2}\int_0^T\int_0^1\beta_k(x,t)|z_x(x,t)|^2\mathrm{d}x\mathrm{d}t\\
&+\frac{1}{2}\int_0^T\int_0^1\alpha_k(t)|z_t(x,t)|^2\mathrm{d}x\mathrm{d}t\\
\leqslant&\int_0^T E(t)\mathrm{d}t+\left(\frac{3k^2}{1-k^2}+1\right)\int_0^T E(t)\mathrm{d}t\\
=&\frac{2+k^2}{1-k^2}\int_0^T E(t)\mathrm{d}t.
\end{aligned}\tag{2.38}
$$

另一方面 $\forall t\in[0,T],\ 0<\varepsilon<1$ 有

$$
\begin{aligned}
&\left|\int_0^1 \left[\alpha_k(t)xz_t(x,t)z_x(x,t)-kx^2|z_x(x,t)|^2\right]\mathrm{d}x\right| \\
\leqslant&\sqrt{1+kt}\left[\frac{1}{2\varepsilon}\int_0^1 \alpha_k(t)|z_t(x,t)|^2\mathrm{d}x\right. \\
&\left.+\frac{\varepsilon}{2}\int_0^1 x^2|z_x(x,t)|^2\mathrm{d}x\right]+k\int_0^1 x^2|z_x(x,t)|^2\mathrm{d}x \\
\leqslant&\frac{\sqrt{1+kt}}{2\varepsilon}\int_0^1 \alpha_k(t)|z_t(x,t)|^2\mathrm{d}x \\
&+\left(\frac{\sqrt{1+kt}}{2}\varepsilon+k\right)\int_0^1 x^2|z_x(x,t)|^2\mathrm{d}x \\
\leqslant&\frac{\sqrt{1+kt}}{\varepsilon}\frac{1}{2}\int_0^1 \alpha_k(t)|z_t(x,t)|^2\mathrm{d}x \\
&+\frac{2\left(\frac{\sqrt{1+kt}}{2}\varepsilon+k\right)(1+kt)}{1-k^2}\frac{1}{2}\int_0^1 \beta_k(x,t)|z_x(x,t)|^2\mathrm{d}x.
\end{aligned}
$$

取 $\varepsilon=\dfrac{1-k}{\sqrt{1+kt}}$, 则有

$$
\varepsilon\in(0,1),
$$

且

$$
\frac{\sqrt{1+kt}}{\varepsilon}=\frac{2\left(\frac{\sqrt{1+kt}}{2}\varepsilon+k\right)(1+kt)}{1-k^2}=\frac{1+kt}{1-k}.
$$

于是, $\forall t\in[0,T]$, 有

$$
\begin{aligned}
&\left|\int_0^1 \left[\alpha_k(t)xz_t(x,t)z_x(x,t)-kx^2|z_x(x,t)|^2\right]\mathrm{d}x\right| \\
=&\frac{1+kt}{1-k}E(t) \\
\leqslant&\frac{1+kt}{1-k}\frac{1}{1+kt}E_0 \\
=&\frac{1}{1-k}E_0.
\end{aligned}
$$

从而有

$$
\left|\left\{\int_0^1 \left[\alpha_k(t)xz_t(x,t)z_x(x,t)-kx^2|z_x(x,t)|^2\right]\mathrm{d}x\right\}\Big|_0^T\right|\leqslant\frac{2}{1-k}E_0. \tag{2.39}
$$

因此, 由 (2.37)—(2.39) 和注 2.5, 得到

$$\begin{aligned}&\left(\frac{1}{2}+\frac{2k^2}{1-k^2}\right)\int_0^T\alpha_k(t)|z_t(1,t)|^2\mathrm{d}t\\ \leqslant&\frac{2+k^2}{1-k^2}\int_0^T E_0\mathrm{d}t+\frac{2}{1-k}E_0\\ =&\left(\frac{2+k^2}{1-k^2}T+\frac{2}{1-k}\right)E_0.\end{aligned}\tag{2.40}$$

由 (2.26), 有

$$\beta_k(x,0)=1-k^2x^2.$$

易验证

$$\begin{aligned}E_0=&\frac{1}{2}\int_0^1\left[|z^1|^2+\beta_k(x,0)|z_x^0|^2\right]\mathrm{d}x\\ \leqslant&\frac{1}{2}(|z^0|^2_{V(0,1)}+|z^1|^2_{L^2(0,1)}).\end{aligned}\tag{2.41}$$

由 (2.40)—(2.41), $1\leqslant\alpha_k(t)\leqslant(1+kT), 0\leqslant t\leqslant T$, 存在一个常数

$$C_1=\frac{1}{2}\left(\frac{1}{2}+\frac{2k^2}{1-k^2}\right)^{-1}\left(\frac{2+k^2}{1-k^2}T+\frac{2}{1-k}\right),$$

满足

$$\int_0^T|z_t(1,t)|^2\mathrm{d}t\leqslant C_1(|z^0|^2_{V(0,1)}+|z^1|^2_{L^2(0,1)}).$$

□

定理 2.8 设 $T>T_k^*$. 对于任意的初值 $(z^0,z^1)\in V(0,1)\times L^2(0,1)$, 则存在常数 $C>0$, 使得系统 (2.27) 的弱解 z 满足

$$\int_0^T|z_x(1,t)|^2\mathrm{d}t\geqslant C\left(|z^0|^2_{V(0,1)}+|z^1|^2_{L^2(0,1)}\right).\tag{2.42}$$

证明 我们估计 (2.37) 右端的每一项. 首先利用 Young 不等式, 对于 $\varepsilon\in\left(0,\frac{1}{2}\right)$, 有

$$
\begin{aligned}
&\int_0^T E(t)\mathrm{d}t+\int_0^T\int_0^1 \frac{k^2x^2}{1+kt}|z_x(x,t)|^2\mathrm{d}x\mathrm{d}t\\
&-\int_0^T\int_0^1 kxz_t(x,t)z_x(x,t)\mathrm{d}x\mathrm{d}t\\
\geqslant&\int_0^T\int_0^1\left\{\frac{1-\varepsilon}{2}\alpha_k(t)|z_t(x,t)|^2+\left[\frac{1}{2}\beta_k(x,t)\right.\right.\\
&\left.\left.+\left(1-\frac{1}{2\varepsilon}\right)\frac{k^2x^2}{1+kt}\right]|z_x(x,t)|^2\right\}\mathrm{d}x\mathrm{d}t\\
=&\int_0^T\int_0^1\left\{(1-\varepsilon)\frac{\alpha_k(t)}{2}|z_t(x,t)|^2\right.\\
&\left.+\left[1+\left(2-\frac{1}{\varepsilon}\right)\frac{k^2x^2}{1-k^2x^2}\right]\frac{\beta_k(x,t)}{2}|z_x(x,t)|^2\right\}\mathrm{d}x\mathrm{d}t\\
\geqslant&\int_0^T\int_0^1\left\{(1-\varepsilon)\frac{\alpha_k(t)}{2}|z_t(x,t)|^2\right.\\
&\left.+\left[1+\left(2-\frac{1}{\varepsilon}\right)\frac{k^2}{1-k^2}\right]\frac{\beta_k(x,t)}{2}|z_x(x,t)|^2\right\}\mathrm{d}x\mathrm{d}t.
\end{aligned}
$$

取

$$
\varepsilon=\frac{k}{1+k}\in\left(0,\frac{1}{2}\right),
$$

我们易验证

$$
1-\varepsilon=1+\left(2-\frac{1}{\varepsilon}\right)\frac{k^2}{1-k^2}.
$$

从而有

$$
\begin{aligned}
&\int_0^T E(t)\mathrm{d}t+\int_0^T\int_0^1 \frac{k^2x^2}{1+kt}|z_x(x,t)|^2\mathrm{d}x\mathrm{d}t\\
&-\int_0^T\int_0^1 kxz_t(x,t)z_x(x,t)\mathrm{d}x\mathrm{d}t\\
\geqslant&\left(1-\frac{k}{1+k}\right)\int_0^T E(t)\mathrm{d}t\\
=&\frac{1}{1+k}\int_0^T E(t)\mathrm{d}t.
\end{aligned}\tag{2.43}
$$

因此, 把 (2.39) 和 (2.43) 代入 (2.37), 有

$$
\begin{aligned}
&\left(\frac{1}{2}+\frac{2k^2}{1-k^2}\right)\int_0^T \alpha_k(t)|z_t(1,t)|^2\mathrm{d}t\\
\geqslant&\frac{1}{1+k}\int_0^T E(t)\mathrm{d}t-\frac{2}{1-k}E_0
\end{aligned}
$$

$$
\begin{aligned}
=&\frac{1}{1+k}\int_0^T\left[\frac{1}{1+kt}E_0\right.\\
&\left.-\frac{k}{\alpha_k(t)}\int_0^t\alpha_k(s)|z_t(1,s)|^2\mathrm{d}s\right]\mathrm{d}t\\
&-\frac{2}{1-k}E_0,
\end{aligned}
$$

由上式有

$$
\begin{aligned}
&\left(\frac{1}{2}+\frac{2k^2}{1-k^2}\right)\int_0^T\alpha_k(t)|z_t(1,t)|^2\mathrm{d}t\\
&+\frac{1}{k+1}\int_0^T\left[\frac{k}{\alpha_k(t)}\int_0^t\alpha_k(s)|z_t(1,s)|^2\mathrm{d}s\right]\mathrm{d}t\\
\geqslant&\frac{1}{1+k}\int_0^T\frac{1}{1+kt}E_0\mathrm{d}t-\frac{2}{1-k}E_0.
\end{aligned}
$$

于是我们有

$$
\begin{aligned}
&\left(\frac{1}{2}+\frac{2k^2}{1-k^2}+\frac{kT}{1+k}\right)\int_0^T\alpha_k(t)|z_t(1,t)|^2\mathrm{d}t\\
\geqslant&\frac{1}{1+k}\int_0^T\frac{1}{1+kt}E_0\mathrm{d}t-\frac{2}{1-k}E_0\\
=&\left[\frac{1}{k(1+k)}\ln(1+kT)-\frac{2}{1-k}\right]E_0.
\end{aligned}
\tag{2.44}
$$

由 (2.41) 和 (2.44) 有

$$
\begin{aligned}
&\left(\frac{1}{2}+\frac{2k^2}{1-k^2}+\frac{kT}{1+k}\right)(1+kT)\int_0^T|z_t(1,t)|^2\mathrm{d}t\\
\geqslant&\frac{1-k^2}{2}\left[\frac{1}{k(1+k)}\ln(1+kT)\right.\\
&\left.-\frac{2}{1-k}\right](|z^0|^2_{V(0,1)}+|z^1|^2_{L^2(0,1)}).
\end{aligned}
\tag{2.45}
$$

因此当 $T>T_k^*$,

$$
\frac{1}{k(1+k)}\ln(1+kT)-\frac{2}{1-k}>0.
$$

再由 (2.45), 得到了 (2.42). □

2.3.3 能控性的证明

这一小节我们主要证明定理 2.6. 我们将分三步骤来证明.

第一步 定义一个线性算子

$$\varGamma : V(0,1)\times L^2(0,1)\to [V(0,1)]'\times L^2(0,1).$$

对于任意的初值 $(z^0,z^1)\in V(0,1)\times L^2(0,1)$, 用 z 表示 (2.27) 的解. 我们考虑下面的齐次线性波动方程:

$$\begin{cases}\xi_{tt}-\left[\dfrac{\beta_k(x,t)}{\alpha_k(t)}\xi_x\right]_x+\left[\dfrac{\gamma_k(x)}{\alpha_k(t)}\right]\xi_{tx}=0, & (x,t)\in Q,\\ \xi(0,t)=0,\ \xi_x(1,t)=0, & t\in(0,T),\\ \xi(x,T)=w_d^0(x),\ \xi_t(x,T)=w_d^1(x), & x\in(0,1).\end{cases}\tag{2.46}$$

我们知道系统 (2.46) 存在唯一转置解

$$\eta\in C([0,T];L^2(0,1))\bigcap C^1([0,T];[V(0,1)]').$$

设

$$(\xi^0,\xi^1)\triangleq(\xi(x,0),\xi_t(x,0))\in L^2(0,1)\times[V(0,1)]'.$$

于是有

$$(w^0-\xi^0,w^1-\xi^1)\in L^2(0,1)\times[V(0,1)]'.\tag{2.47}$$

另一方面, 对于任意 $(z^0,z^1)\in V(0,1)\times L^2(0,1)$, z 表示系统 (2.25) 的解, 考虑

$$\begin{cases}\eta_{tt}-\left[\dfrac{\beta_k(x,t)}{\alpha_k(t)}\eta_x\right]_x+\left[\dfrac{\gamma_k(x)}{\alpha_k(t)}\right]\eta_{tx}=0, & (x,t)\in Q,\\ \eta(0,t)=0,\ \eta_x(1,t)=\dfrac{1}{\beta_k(1,t)}G_{z_t(1,t)}, & t\in(0,T),\\ \eta(x,T)=\eta_t(x,T)=0, & x\in(0,1).\end{cases}\tag{2.48}$$

值得注意的是在这里这样定义 $G_{z_t(1,t)}\in(H^1(0,T))'$ 如下:

$$\left\langle G_{z_t(1,t)},\phi\right\rangle_{(H^1(0,T))',H^1(0,T)}=-\int_0^T z_t(1,t)\phi_t(t)\mathrm{d}t,\quad \forall\ \phi\in H^1(0,T).\tag{2.49}$$

下面我们定义线性算子 $\varGamma$:

$$\varGamma:\ V(0,1)\times L^2(0,1)\to[V(0,1)]'\times L^2(0,1),$$

$$(z^0, z^1) \to (\eta_t(x,0) + \gamma_k(x)\eta_x(x,0) - k\eta(x,0), -\eta(x,0)).$$

其中 η 为系统 (2.48) 的解.

因此

$$\begin{aligned}&\left\langle \Gamma(z^0, z^1), (z^0, z^1)\right\rangle \\ =& \int_0^1 \left[\eta_t(x,0)z^0 - k\eta(x,0)z^0 + \gamma_k(x)\eta_x(x,0)z^0 - \eta(x,0)z^1\right] \mathrm{d}x. \quad (2.50)\end{aligned}$$

设

$$E = V(0,1) \times L^2(0,1),$$

$$E' = [V(0,1)]' \times L^2(0,1)$$

表示其共轭空间.

第二步 我们将证明当 $T > T_k^*$, Γ 是一个同胚映射.

用 $\alpha_k(t)z$ 乘系统 (2.48) 第一个方程两端并且在 Q 积分, 根据系统 (2.27) 有

$$\begin{aligned}&-\int_0^T \beta_k(1,t)\eta_x(1,t)z(1,t)\mathrm{d}t \\ =& \int_0^1 [\eta'(x,0)z^0 - k\eta(x,0)z^0 - \eta(x,0)z^1 + \gamma_k(x)\eta_x(x,0)z^0]\mathrm{d}x. \quad (2.51)\end{aligned}$$

由 (2.48)—(2.51) 和 Γ 的定义, 有

$$\int_0^T |z_t(1,t)|^2\mathrm{d}t = \langle \Gamma(z^0, z^1), (z^0, z^1)\rangle. \quad (2.52)$$

根据定理 2.7 和定理 2.8, 我们只需证明 Γ 是满射.

下面我们在 $E \times E$ 定义一个双线性型 A: 任意 $(\hat{z}^0, \hat{z}^1), (z^0, z^1) \in E \times E$,

$$A((\hat{z}^0, \hat{z}^1), (z^0, z^1)) = \langle \Gamma(\hat{z}^0, \hat{z}^1), (z^0, z^1)\rangle,$$

易知 A 是有界的. 从 (2.52) 和定理 2.8, 有 A 是强制的. 最后我们利用 Lax-Milgram 定理知, Γ 是满射.

第三步 我们来证明定理 2.6 等价于 Γ 是同胚映射.

事实上, 对于任意的初值 $(w^0, w^1), (w_d^0, w_d^1) \in L^2(0,1) \times [V(0,1)]'$, 我们选取

$$\overline{v_1}(\cdot) = \frac{1}{\beta_k(1,\cdot)} G_{z_t(1,\cdot)} \in (H^1(0,T))' \subset L^2(0,T),$$

其中 z 是相应于

$$(z^0,z^1)=\Gamma^{-1}((w^1-\xi^1)+\gamma_k(x)(w^0_x-\xi^0_x)-k(w^0-\xi^0),-(w^0-\xi^0))$$

系统 (2.27) 的解. 根据 Γ 的定义, 有

$$\Gamma(z^0,z^1)=(\eta'(x,0)+\gamma_k(x)\eta_x(x,0)-k\eta(x,0),-\eta(x,0)),$$

其中 η 为系统 (2.48) 的解. 因此, η 满足

$$(\eta(x,0),\eta'(x,0))=(w^0-\xi^0,w^1-\xi^1).$$

从而得出 $w=\xi+\eta$ 满足

$$w(T)=w^0_d,\quad w_t(T)=w^1_d.$$

□

第 3 章　一类特殊波动方程的边界精确能控性

本章我们将考虑在非柱状区域 $\widehat{Q}_T^1$ 上的波动方程的边界精确能控性.

$$\begin{cases} u_{tt} - u_{yy} = 0, & (y,t) \in \widehat{Q}_T^1, \\ u(0,t) = 0,\ u(t+1,t) = f(t), & t \in (0,T), \\ u(y,0) = u^0,\ u_t(y,0) = u^1, & y \in (0,1), \end{cases} \tag{3.1}$$

其中

$$\widehat{Q}_T^1 = \left\{(y,t) \in \mathbb{R}^2;\ 0 < y < t+1,\ t \in (0,T)\right\},$$

$$(u^0, u^1) \in C^2([0,1]) \times C^1([0,1])$$

且满足

$$u^0(0) = u^1(0) = u^0_{yy}(0) = 0.$$

$f \in \mathbb{U}$, 且

$$\mathbb{U} \triangleq \left\{f \in C^2([0,T]);\ f(0) = u^0(1), f_t(0) = u^0_y(1) + u^1(1),\ f_{tt}(0) = 2u^0_{yy}(1) + 2u^1_y(1)\right\}.$$

这一章, 我们利用系统 (3.1) 的解的表达式, 给出 (3.1) 能够做到精确能控目标满足的充要条件.

3.1　问题的提出及主要结果

本节我们先给出边界精确能控性的定义, 然后再给出得到的主要结果.

定义 3.1　称 (3.1) 在 T 时刻边界精确能控, 若对于任意的初值 $(u^0, u^1) \in C^2([0,1]) \times C^1([0,1])$ 和任意的目标函数 $(u^0_d, u^1_d) \in C^2([0,1]) \times C^1([0,1])$, 都存在控制函数 $f \in \mathbb{U}$, 使得系统 (3.1) 的古典解 u 满足

$$u(T) = u^0_d, \quad u_t(T) = u^1_d.$$

本章研究的问题是系统 (3.1) 能否做到边界精确能控. 结论是肯定的. 利用构造解的方法, 下面是我们得到的主要结论.

定理 3.1　设 $T>1$. 对于初值 $(u^0,u^1)\in C^2[0,1]\times C^1[0,1]$ 且满足

$$u^0(0)=u^1(0)=u^0_{yy}(0)=0,$$

目标

$$\left(u^0_d,u^1_d\right)\in C^2([0,1])\times C^1([0,1]),$$

在 T 时刻边界精确能控当且仅当满足下面条件:

$$\begin{cases} u^0_d(0)=u^1_d(0)=u^0_{d,yy}(0)=0, \\ u^0_{d,y}(y)-u^1_d(y)=u^0_y(T-y)+u^1(T-y), & y\in[T-1,T], \\ u^0_{d,y}(y)-u^1_d(y)=u^0_y(y-T)-u^1(y-T), & y\in[T,T+1], \\ u^1_{d,y}(T-1)-u^0_{d,yy}(T-1)=u^0_{yy}(1)+u^1_y(1). \end{cases}$$

3.2　系统的边界精确能控性

这一节我们主要研究系统 (3.1) 的边界精确能控性, 即证明定理 3.1. 我们将分两个小节来完成定理 3.1 的证明.

3.2.1　古典解的存在唯一性

为了证明系统 (3.1) 的古典解的存在性, 我们构造如下三角形区域上的波动方程系统:

$$\begin{cases} U_{tt}-U_{yy}=0, & (y,t)\in\widehat{\Omega}_T, \\ U(y,-(y+1))=\Psi(y), & y\in(-(T+1),0), \\ U(y,y-1)=\Phi(y), & y\in(0,T+1), \end{cases} \tag{3.2}$$

其中

$$\widehat{\Omega}_T\triangleq\{(y,t)\in\mathbb{R}^2;\ -(t+1)<y<t+1,\ t\in(-1,T)\},$$

$$(\Psi,\Phi)\in C^2([-(T+1),0])\times C^2([0,T+1])$$

满足

$$\Psi(0)=\Phi(0).$$

容易证明任意 $T>-1$, 系统 (3.2) 存在一个古典解

$$U(y,t)=\Phi\left(\frac{y+t+1}{2}\right)+\Psi\left(\frac{y-t-1}{2}\right)-\Phi(0),\quad (y,t)\in\overline{\widehat{\Omega}_T}. \tag{3.3}$$

根据系统 (3.2) 的古典解, 我们得到系统 (3.1) 存在古典解.

引理 3.1 设 $T>1$. 对于初值 $(u^0,u^1)\in C^2[0,1]\times C^1[0,1]$ 满足

$$u^0(0)=u^1(0)=u^0_{yy}(0)=0$$

和 $f\in\mathbb{U}$, 系统 (3.1) 存在唯一的古典解.

证明 首先我们根据系统 (3.1) 的初边值条件, 将系统 (3.1) 延拓到区域 $\widehat{\Omega}_T$, 根据系统 (3.2) 存在一个古典解 U, 然后我们证明 $u\triangleq U|_{\overline{Q^1_T}}$.

第一步 对于初值 $(u^0,u^1)\in C^1[0,1]\times C[0,1]$ 满足

$$u^0(0)=u^1(0)=u^0_{yy}(0)=0$$

和 $f\in\mathbb{U}$.

令

$$\Psi(y)=\begin{cases}\widehat{\psi_1}(y), & y\in\left[-\dfrac{1}{2},0\right],\\[2mm] \widehat{\psi_2}(y), & y\in\left[-1,-\dfrac{1}{2}\right],\\[2mm] \widehat{\psi_3}(y), & y\in\left[-\dfrac{T+1}{2},-1\right],\\[2mm] \widehat{\psi_4}(y), & y\in\left[-(T+1),-\dfrac{T+1}{2}\right],\end{cases}$$

$$\Phi(y)=\begin{cases}\widehat{\varphi_1}(y), & y\in\left[0,\dfrac{1}{2}\right],\\[2mm] \widehat{\varphi_2}(y), & y\in\left[\dfrac{1}{2},1\right],\\[2mm] f(y-1), & y\in[1,T+1],\end{cases}$$

其中

$$\widehat{\psi}_i \ (i=1,2,3,4) \in C^2([-(T+1),0]),$$

$$\widehat{\varphi}_i \in C^2([0,T+1]) \quad (i=1,2)$$

且

$$\Psi(0)=\Phi(0)=0$$

是待定的函数. 从而在 $\overline{\widehat{\Omega}_T}$ 上系统 (3.2) 存在一个古典解 U.

若 $\Phi(0)=0$, 有任意

$$y\in(0,1),\quad U(y,0)=u^0(y),\quad U_t(y,0)=u^1(y)$$

当且仅当任意 $y\in(0,1)$,

$$\begin{cases}\Phi\left(\dfrac{y+1}{2}\right)+\Psi\left(\dfrac{y-1}{2}\right)-\Phi(0)\\[2mm] \quad =\widehat{\varphi_2}\left(\dfrac{y+1}{2}\right)+\widehat{\psi_1}\left(\dfrac{y-1}{2}\right)=u^0(y),\\[2mm] \dfrac{1}{2}\Phi'\left(\dfrac{y+1}{2}\right)-\dfrac{1}{2}\Psi'\left(\dfrac{y-1}{2}\right)\\[2mm] \quad =\dfrac{1}{2}\widehat{\varphi_2}'\left(\dfrac{y+1}{2}\right)-\dfrac{1}{2}\widehat{\psi_1}'\left(\dfrac{y-1}{2}\right)=u^1(y).\end{cases}$$

即

$$\begin{cases}\widehat{\psi_1}(y)=\dfrac{1}{2}\left[-u^0(1)+\displaystyle\int_0^1 u^1(y)\mathrm{d}y\right.\\[2mm] \qquad\left.+u^0(2y+1)-\displaystyle\int_0^{2y+1}u^1(\tau)\mathrm{d}\tau\right],\quad y\in\left[-\dfrac{1}{2},0\right],\\[2mm] \widehat{\varphi_2}(y)=\dfrac{1}{2}\left[u^0(1)-\displaystyle\int_0^1 u^1(y)\mathrm{d}y\right.\\[2mm] \qquad\left.+u^0(2y-1)+\displaystyle\int_0^{2y-1}u^1(\tau)\mathrm{d}\tau\right],\quad y\in\left[\dfrac{1}{2},1\right].\end{cases} \tag{3.4}$$

另一方面, 若 $\Phi(0)=0$, 有任意 $t\in(0,T)$,$U(0,t)=0$ 当且仅当任意 $t\in(0,T)$,

$$\begin{cases}\Phi\left(\dfrac{t+1}{2}\right)+\Psi\left(-\dfrac{t+1}{2}\right)-\Phi(0)\\ \quad=\widehat{\varphi_2}\left(\dfrac{t+1}{2}\right)+\widehat{\psi_2}\left(\dfrac{-t-1}{2}\right)=0, \qquad t\in[0,1],\\ \Phi\left(\dfrac{t+1}{2}\right)+\Psi\left(-\dfrac{t+1}{2}\right)-\Phi(0)\\ \quad=f\left(\dfrac{t+1}{2}-1\right)+\widehat{\psi_3}\left(\dfrac{-t-1}{2}\right)=0, \quad t\in[1,T].\end{cases}$$

利用变量替换, 我们有

$$\begin{cases}\widehat{\psi_2}(y)=-\widehat{\varphi_2}(-y), \qquad y\in\left[-1,-\dfrac{1}{2}\right],\\ \widehat{\psi_3}(y)=-f(-y-1), \quad y\in\left[-\dfrac{T+1}{2},-1\right].\end{cases} \tag{3.5}$$

我们选取

$$\widehat{\psi_4}\in C^2\left(\left[-(T+1),-\frac{T+1}{2}\right]\right),$$

$$\widehat{\varphi_1}\in C^2\left(\left[0,\frac{1}{2}\right]\right)$$

满足

$$\begin{aligned}&\widehat{\varphi_1}(0)=0, \quad \widehat{\varphi_1}\left(\frac{1}{2}\right)=\frac{1}{2}\left[u^0(1)-\int_0^1 u^1(y)\mathrm{d}y\right],\\ &\widehat{\varphi_1}'\left(\frac{1}{2}\right)=u_y^0(0), \quad \widehat{\varphi_1}''\left(\frac{1}{2}\right)=2u_y^1(0),\\ &\widehat{\psi_4}\left(-\frac{T+1}{2}\right)=-f\left(\frac{T-1}{2}\right),\\ &\widehat{\psi_4}'\left(-\frac{T+1}{2}\right)=f_t\left(\frac{T-1}{2}\right),\\ &\widehat{\psi_4}''\left(-\frac{T+1}{2}\right)=-f_{tt}\left(\frac{T-1}{2}\right).\end{aligned} \tag{3.6}$$

从而, 根据 $u^0(0)=u^1(0)=u_{yy}^0(0)=0$, $f\in\mathbb{U}$ 和 (3.6), 容易验证 Ψ 在点 $y=-\dfrac{T+1}{2},-1,-\dfrac{1}{2}$ 是 C^2, 并且 Φ 在点 $y=\dfrac{1}{2},1$ 是 C^2.

因此,

$$\Psi \in C^2([-(T+1),0]), \quad \Phi \in C^2([0,T+1])$$

并且满足

$$\Psi(0)=\Phi(0)=0.$$

根据 (3.4) 和 (3.5), 我们得出

$$\Psi(y)=\begin{cases} \dfrac{1}{2}\left[-u^0(1)+\displaystyle\int_0^1 u^1(y)\mathrm{d}y\right. \\ \left.+u^0(2y+1)-\displaystyle\int_0^{2y+1} u^1(\tau)\mathrm{d}\tau\right], & y\in\left[-\dfrac{1}{2},0\right], \\ \dfrac{1}{2}\left[-u^0(1)+\displaystyle\int_0^1 u^1(y)\mathrm{d}y\right. \\ \left.-u^0(-2y-1)-\displaystyle\int_0^{-2y-1} u^1(\tau)\mathrm{d}\tau\right], & y\in\left[-1,-\dfrac{1}{2}\right], \\ -f(-y-1), & y\in\left[-\dfrac{T+1}{2},-1\right], \\ \widehat{\psi_4}(y), & y\in\left[-(T+1),-\dfrac{T+1}{2}\right] \end{cases}$$

和

$$\Phi(y)=\begin{cases} \widehat{\varphi_1}(y), & y\in\left[0,\dfrac{1}{2}\right], \\ \dfrac{1}{2}\left[u^0(1)-\displaystyle\int_0^1 u^1(y)\mathrm{d}y\right. \\ \left.+u^0(2y-1)+\int_0^{2y-1} u^1(\tau)\mathrm{d}\tau\right], & y\in\left[\dfrac{1}{2},1\right], \\ f(y-1), & y\in[1,T+1], \end{cases}$$

其中, $\widehat{\psi_4}$ 和 $\widehat{\varphi_1}$ 满足 (3.6).

第二步　令

$$\overline{\widehat{Q_T^1}}=A\bigcup B\bigcup C_1\bigcup C_2\bigcup D,$$

其中

$$
\begin{cases}
A=\left\{(y,t)\in\mathbb{R}^2;\ t\leqslant y\leqslant -t+1\ \text{且}0\leqslant t\leqslant \dfrac{1}{2}\right\},\\
B=\left\{(y,t)\in\mathbb{R}^2;\ -t+1\leqslant y\leqslant t+1\ \text{且}0\leqslant t\leqslant \dfrac{1}{2},\right.\\
\qquad\left.\text{或}t\leqslant y\leqslant t+1\ \text{且}\dfrac{1}{2}\leqslant t\leqslant T\right\},\\
C_1=\left\{(y,t)\in\mathbb{R}^2;\ -t+1\leqslant y\leqslant t\ \text{且}\dfrac{1}{2}\leqslant t\leqslant 1,\right.\\
\qquad\left.\text{或}t-1\leqslant y\leqslant t\ \text{且}1\leqslant t\leqslant T\right\},\\
C_2=\left\{(y,t)\in\mathbb{R}^2;\ y\leqslant t\leqslant 1-y\ \text{且}0\leqslant y\leqslant \dfrac{1}{2}\right\},\\
D=\left\{(y,t)\in\mathbb{R}^2;0\leqslant y\leqslant t-1\ \text{且}1\leqslant t\leqslant T\right\}.
\end{cases}
$$

任意 $(y,t)\in A$, $\dfrac{1}{2}\leqslant\dfrac{y+t+1}{2}\leqslant 1$ 和 $-\dfrac{1}{2}\leqslant\dfrac{y-t-1}{2}\leqslant 0$. 根据 (3.3) 和 Φ, Ψ 的定义, 有任意 $(y,t)\in A$,

$$
\begin{aligned}
U(y,t)=&\frac{1}{2}\left[u^0(1)-\int_0^1 u^1(y)\mathrm{d}y+u^0(y+t)+\int_0^{y+t}u^1(\tau)\mathrm{d}\tau\right]\\
&+\frac{1}{2}\left[-u^0(1)+\int_0^1 u^1(y)\mathrm{d}y+u^0(y-t)-\int_0^{y-t}u^1(\tau)\mathrm{d}\tau\right]\\
=&\frac{1}{2}\left[u^0(y+t)+u^0(y-t)+\int_{y-t}^{y+t}u^1(\tau)\mathrm{d}\tau\right].
\end{aligned}\tag{3.7}
$$

类似地, 任意 $(y,t)\in B$,

$$
\begin{aligned}
U(y,t)=&f\left(\frac{y+t-1}{2}\right)+\frac{1}{2}\left[-u^0(1)+\int_0^1 u^1(y)\mathrm{d}y\right.\\
&\left.+u^0(y-t)-\int_0^{y-t}u^1(\tau)\mathrm{d}\tau\right].
\end{aligned}\tag{3.8}
$$

任意 $(y,t)\in C_1$,

$$
\begin{aligned}
U(y,t)=&f\left(\frac{y+t-1}{2}\right)+\frac{1}{2}\left[-u^0(1)+\int_0^1 u^1(y)\mathrm{d}y\right.\\
&\left.-u^0(-y+t)-\int_0^{-y+t}u^1(\tau)\mathrm{d}\tau\right].
\end{aligned}\tag{3.9}
$$

任意 $(y,t)\in C_2$,

$$\begin{aligned}U(y,t)=&\frac{1}{2}\left[u^0(1)-\int_0^1 u^1(y)\mathrm{d}y+u^0(y+t)+\int_0^{y+t}u^1(\tau)\mathrm{d}\tau\right]\\&+\frac{1}{2}\left[-u^0(1)+\int_0^1 u^1(y)\mathrm{d}y-u^0(-y+t)-\int_0^{-y+t}u^1(\tau)\mathrm{d}\tau\right]\\=&\frac{1}{2}\left[u^0(y+t)-u^0(-y+t)+\int_{-y+t}^{y+t}u^1(\tau)\mathrm{d}\tau\right].\end{aligned}\tag{3.10}$$

任意 $(y,t)\in D$,

$$U(y,t)=f\left(\frac{y+t-1}{2}\right)-f\left(\frac{-y+t-1}{2}\right).\tag{3.11}$$

第三步　令 $u=U|_{\widehat{Q}_T^1}$. 根据 (3.8), $u(t+1,t)=f(t),t\in(0,T)$. 易证 u 是系统 (3.1) 的古典解. 根据 (3.7)—(3.11), 有

$$u(y,t)=\begin{cases}\dfrac{1}{2}\left[u^0(y+t)+u^0(y-t)+\displaystyle\int_{y-t}^{y+t}u^1(\tau)\mathrm{d}\tau\right], & (y,t)\in A,\\ f\left(\dfrac{y+t-1}{2}\right)-\dfrac{1}{2}\left[u^0(1)-\displaystyle\int_0^1 u^1(y)\mathrm{d}y\right.\\ \qquad\left.-u^0(y-t)+\displaystyle\int_0^{y-t}u^1(\tau)\mathrm{d}\tau\right], & (y,t)\in B,\\ f\left(\dfrac{y+t-1}{2}\right)-\dfrac{1}{2}\left[u^0(1)-\displaystyle\int_0^1 u^1(y)\mathrm{d}y\right.\\ \qquad\left.+u^0(-y+t)+\displaystyle\int_0^{-y+t}u^1(\tau)\mathrm{d}\tau\right], & (y,t)\in C_1,\\ \dfrac{1}{2}\left[u^0(y+t)-u^0(-y+t)+\displaystyle\int_{-y+t}^{y+t}u^1(\tau)\mathrm{d}\tau\right], & (y,t)\in C_2,\\ f\left(\dfrac{y+t-1}{2}\right)-f\left(\dfrac{-y+t-1}{2}\right), & (y,t)\in D.\end{cases}\tag{3.12}$$

容易证明能量函数

$$E(t)=\frac{1}{2}\int_0^{1+t}[(u_t)^2+(u_y)^2]\mathrm{d}y$$

在非柱状区域 $\widehat{Q}_T^1$ 上是守恒的, 从而古典解 u 也是唯一的.

□

3.2.2 边界精确能控性

根据系统 (3.1) 的古典解表达式来证明定理 3.1.

证明 对于任意的初值 $(u^0, u^1) \in C^2([0,1]) \times C^1([0,1])$ 和任意的目标函数 $(u_d^0, u_d^1) \in C^2([0,1]) \times C^1([0,1])$, 都存在控制函数 $f \in \mathbb{U}$, 使得系统 (3.1) 的古典解 u 满足

$$u(T) = u_d^0, \quad u_t(T) = u_d^1$$

当且仅当满足下面 (1)—(3).

(1) 根据 u 在区域 B 上的表达式, 对于 $t = T$ 和 $y \in [T, T+1]$, 有

$$\begin{cases} f\left(\dfrac{y+T-1}{2}\right) - \dfrac{1}{2}\left[u^0(1) - \displaystyle\int_0^1 u^1(y)\mathrm{d}y \right. \\ \qquad\qquad \left. -u^0(y-T) + \displaystyle\int_0^{y-T} u^1(\tau)\mathrm{d}\tau\right] = u_d^0(y), \\ \dfrac{1}{2}f_t\left(\dfrac{y+T-1}{2}\right) - \dfrac{1}{2}u_y^0(y-T) + \dfrac{1}{2}u^1(y-T) = u_d^1(y); \end{cases} \tag{3.13}$$

(2) 根据 u 在区域 C_1 上的表达式, 对于 $t = T$ 和 $y \in [T-1, T]$, 有

$$\begin{cases} f\left(\dfrac{y+T-1}{2}\right) - \dfrac{1}{2}\left[u^0(1) - \displaystyle\int_0^1 u^1(y)\mathrm{d}y \right. \\ \qquad\qquad \left. +u^0(-y+T) + \displaystyle\int_0^{-y+T} u^1(\tau)\mathrm{d}\tau\right] = u_d^0(y), \\ \dfrac{1}{2}f_t\left(\dfrac{y+T-1}{2}\right) - \dfrac{1}{2}u_y^0(-y+T) - \dfrac{1}{2}u^1(-y+T) = u_d^1(y); \end{cases} \tag{3.14}$$

(3) 根据 u 在区域 D 上的表达式, 对于 $t = T$ 和 $y \in [0, T-1]$, 有

$$\begin{cases} f\left(\dfrac{y+T-1}{2}\right) - f\left(\dfrac{-y+T-1}{2}\right) = u_d^0(y), \\ \dfrac{1}{2}f_t\left(\dfrac{y+T-1}{2}\right) - \dfrac{1}{2}f_t\left(\dfrac{-y+T-1}{2}\right) = u_d^1(y). \end{cases} \tag{3.15}$$

因此, 根据 (3.13), 对于任意 $y \in [T, T+1]$, 有

$$\begin{cases} f\left(\dfrac{y+T-1}{2}\right)=\dfrac{1}{2}\left[u^0(1)-\displaystyle\int_0^1 u^1(y)\mathrm{d}y-u^0(y-T)\right. \\ \qquad\qquad\qquad \left.+\displaystyle\int_0^{y-T} u^1(\tau)\mathrm{d}\tau\right]+u_d^0(y), \\ u_{d,y}^0(y)-u_d^1(y)=u_y^0(y-T)-u^1(y-T). \end{cases} \tag{3.16}$$

根据变量替换, 有

$$\begin{aligned} f_1(t)&\triangleq f(t) \\ &=\frac{1}{2}\left[u^0(1)-\int_0^1 u^1(y)\mathrm{d}y-u^0(2t-2T+1)\right. \\ &\quad\left.+\int_0^{2t-2T+1} u^1(\tau)\mathrm{d}\tau\right]+u_d^0(2t-T+1),\quad t\in\left[T-\frac{1}{2},T\right]. \end{aligned} \tag{3.17}$$

根据 (3.14), 对于任意 $y\in[T-1,T]$, 有

$$\begin{cases} f\left(\dfrac{y+T-1}{2}\right)=\dfrac{1}{2}\left[u^0(1)-\displaystyle\int_0^1 u^1(y)\mathrm{d}y+u^0(-y+T)\right. \\ \qquad\qquad\qquad \left.+\displaystyle\int_0^{-y+T} u^1(\tau)\mathrm{d}\tau\right]+u_d^0(y), \\ u_{d,y}^0(y)-u_d^1(y)=u_y^0(-y+T)+u^1(-y+T). \end{cases} \tag{3.18}$$

根据变量替换, 有

$$\begin{aligned} f_2(t)&\triangleq f(t) \\ &=\frac{1}{2}\left[u^0(1)-\int_0^1 u^1(y)\mathrm{d}y+u^0(2T-1-2t)\right. \\ &\quad\left.+\int_0^{2T-1-2t} u^1(\tau)\mathrm{d}\tau\right]+u_d^0(2t-T+1),\quad t\in\left[T-1,T-\frac{1}{2}\right]. \end{aligned} \tag{3.19}$$

根据 (3.15), 对于任意常数 C_0 和 $y\in[0,T-1]$, 有

$$\begin{cases} f\left(\dfrac{y+T-1}{2}\right)=C_0+\dfrac{1}{2}u_d^0(y)+\dfrac{1}{2}\displaystyle\int_0^y u_d^1(\tau)\mathrm{d}\tau, \\ f\left(\dfrac{-y+T-1}{2}\right)=C_0-\dfrac{1}{2}u_d^0(y)+\dfrac{1}{2}\displaystyle\int_0^y u_d^1(\tau)\mathrm{d}\tau. \\ u_d^0(0)=u_d^1(0)=0. \end{cases} \tag{3.20}$$

根据变量替换, 有

$$\begin{cases} f_3(t) \triangleq f(t) \\ \quad = C_0 + \dfrac{1}{2}u_d^0(2t-T+1) + \dfrac{1}{2}\displaystyle\int_0^{2t-T+1} u_d^1(\tau)\mathrm{d}\tau, \qquad t \in \left[\dfrac{T-1}{2}, T-1\right], \\ f_4(t) \triangleq f(t) \\ \quad = C_0 - \dfrac{1}{2}u_d^0(-2t+T-1) + \dfrac{1}{2}\displaystyle\int_0^{-2t+T-1} u_d^1(\tau)\mathrm{d}\tau, \quad t \in \left[0, \dfrac{T-1}{2}\right]. \end{cases} \tag{3.21}$$

所以在系统 (3.1), 选取控制函数

$$f(t) = \begin{cases} f_1(t), & t \in \left[T-\dfrac{1}{2}, T\right], \\ f_2(t), & t \in \left[T-1, T-\dfrac{1}{2}\right], \\ f_3(t), & t \in \left[\dfrac{T-1}{2}, T-1\right], \\ f_4(t), & t \in \left[0, \dfrac{T-1}{2}\right], \end{cases}$$

其中 f_i $(i=1,2,3,4)$ 满足 (3.17), (3.19) 和 (3.21). 这样, 根据 (1)—(3), (u_d^0, u_d^1) 在 T 时刻边界精确能控当且仅当

$$\begin{cases} u_{d,y}^0(y) - u_d^1(y) = u_y^0(T-y) + u^1(T-y), & y \in [T-1, T], \\ u_{d,y}^0(y) - u_d^1(y) = u_y^0(y-T) - u^1(y-T), & y \in [T, T+1], \\ f \in \mathbb{U}. \end{cases} \tag{3.22}$$

易验证 $f \in \mathbb{U}$ 当且仅当

$$\begin{cases} C_0 = u^0(1) + \dfrac{1}{2}u_d^0(T-1) - \dfrac{1}{2}\displaystyle\int_0^{T-1} u_d^1(y)\mathrm{d}y, \\ u_d^0(0) = u_d^1(0) = u_{d,yy}^0(0) = 0, \\ u_{d,y}^0(T-1) - u_d^1(T-1) = u_y^0(1) + u^1(1), \\ u_{d,y}^1(T-1) - u_{d,yy}^0(T-1) = u_{yy}^0(1) + u_y^1(1). \end{cases} \tag{3.23}$$

根据 (3.22) 和 (3.23), 我们完成定理 3.1 的证明.

□

第 4 章　固定边界的边界精确能控性

这一章我们将讨论如下非柱状区域上的波动方程部分 Dirichlet 边界的边界精确能控性, 只在固定端点施加控制.

$$\begin{cases} u_{tt}-u_{yy}=0, & (y,t)\in\widehat{Q}_T^k, \\ u(0,t)=v_2(t),\ u(\alpha_k(t),t)=0, & t\in(0,T), \\ u(y,0)=u^0,\ u_t(y,0)=u^1, & y\in(0,1), \end{cases} \tag{4.1}$$

其中 v_2 是控制函数. 我们利用 Hilbert 唯一性方法得到系统 (4.1) 的能控性.

4.1　问题的提出及主要结果

这一节, 我们先给出边界精确能控性的定义, 然后再给出得到的主要结果. 根据文献 [72] 知, 对于 $0<k<1$, 任意 $(u^0,u^1)\in L^2(0,1)\times H^{-1}(0,1)$ 与 $v\in L^2(0,T)$, 系统 (4.1) 都存在唯一的转置解

$$u\in C([0,T];L^2(0,\alpha_k(t)))\bigcap C^1([0,T];H^{-1}(0,\alpha_k(t))).$$

定义 4.1　称 (4.1) 在 T 时刻边界精确能控, 若对于任意的初值 $(u^0,u^1)\in L^2(0,1)\times H^{-1}(0,1)$ 和任意的目标函数 $(u_d^0,u_d^1)\in L^2(0,\alpha_k(T))\times H^{-1}(0,\alpha_k(T))$, 都存在控制函数 $v_2\in L^2(0,T)$, 使得系统 (4.1) 的转置解 u 满足

$$u(T)=u_d^0,\quad u_t(T)=u_d^1.$$

引理 4.1[77] (Gronwall 不等式)　设 $\eta(\cdot)$ 为定义在 $[0,T]$ 非负绝对连续的函数, $\phi(\cdot),\psi(\cdot)$ 为定义在 $[0,T]$ 非负可积函数, 且

$$\eta'(t)\leqslant\phi(t)\eta(t)+\psi(t),\quad \text{a.e. } t\in[0,T],$$

则有

$$\eta(t) \leqslant \mathrm{e}^{\int_0^t \phi(s)\mathrm{d}s}\left[\eta(0) + \int_0^t \psi(s)\mathrm{d}s\right].$$

本章研究的问题是: 系统 (4.1) 能否做到边界精确能控? 结论是肯定的. 下面是我们得到的主要结论.

我们利用 Hilbert 唯一性方法和逐点能量估计的方法得到了下面结论.

定理 4.1 设

$$k \in \left(0, 1 - \frac{1}{\sqrt{\mathrm{e}}}\right).$$

当 $T > T_*^1$, (4.1) 在 T 时刻达到边界精确能控.

利用 Hilbert 唯一性方法和乘子的方法得到了下面结论.

定理 4.2 设

$$k \in \left(0, 1 - \frac{2}{1+\mathrm{e}^2}\right).$$

当 $T > T_*^2$, (4.1) 在 T 时刻达到边界精确能控.

定理 4.3 设

$$k \in (0, 1).$$

当 $T > T_*^3$, (4.1) 在 T 时刻达到边界精确能控.

注 4.1 T_*^1, T_*^2, T_*^3 在证明中给出.

4.2 系统的部分 Dirichlet 边界精确能控性

这一节我们主要研究系统 (4.1) 的边界精确能控性, 即证明定理 4.1 和定理 4.2. 我们将分四个小节来完成定理 4.1 和定理 4.2 的证明.

4.2.1 柱状区域上变系数波动方程的能控性

设

$$x = \frac{y}{\alpha_k(t)}, \quad w(x,t) = u(y,t) = u(\alpha_k(t)x, t).$$

当 $(y,t)\in\widehat{Q}_T^k$, 则 $(x,t)\in Q$. 从而系统 (4.1) 转化成下面柱状区域上变系数波动方程:

$$\begin{cases} w_{tt}-\left[\dfrac{\beta_k(x,t)}{\alpha_k(t)}w_x\right]_x+\dfrac{\gamma_k(x)}{\alpha_k(t)}w_{tx}=0, & (x,t)\in Q,\\ w(0,t)=v_2(t),\ w(1,t)=0, & t\in(0,T),\\ w(x,0)=w^0,\ w_t(x,0)=w^1, & x\in(0,1), \end{cases} \tag{4.2}$$

其中

$$\beta_k(x,t)=\frac{1-k^2x^2}{\alpha_k(t)},\quad \gamma_k(x)=-2kx,\quad w^0=u^0,\quad w^1=u^1+kxu_x^0. \tag{4.3}$$

我们知道, 对于任意初值 $(u^0,u^1)\in L^2(0,1)\times H^{-1}(0,1)$ 和 $v_2\in L^2(0,T)$, 系统 (4.2) 存在唯一的转置解

$$w\in C([0,T];L^2(0,1))\bigcap C^1([0,T];H^{-1}(0,1)).$$

于是系统 (4.1) 的能控性结果 (定理 4.1 和定理 4.2) 转化成系统 (4.2) 的能控性结果.

定理 4.4　设

$$k\in\left(0,1-\frac{1}{\sqrt{\mathrm{e}}}\right).$$

当 $T>T_*^1$, 对于任意初值 $(w^0,w^1)\in L^2(0,1)\times H^{-1}(0,1)$ 和目标 $(w_d^0,w_d^1)\in L^2(0,1)\times H^{-1}(0,1)$, 则存在控制 $v_2\in L^2(0,T)$, 使得系统 (4.2) 的转置解 w 满足

$$w(T)=w_d^0,\quad w_t(T)=w_d^1.$$

定理 4.5　设

$$k\in\left(0,1-\frac{2}{1+\mathrm{e}^2}\right).$$

当 $T>T_*^2$, 对于任意初值 $(w^0,w^1)\in L^2(0,1)\times H^{-1}(0,1)$ 和目标 $(w_d^0,w_d^1)\in L^2(0,1)\times H^{-1}(0,1)$, 则存在控制 $v_2\in L^2(0,T)$, 使得系统 (4.2) 的转置解 w 满足

$$w(T)=w_d^0,\quad w_t(T)=w_d^1.$$

我们首先给出系统 (4.2) 的对偶系统及其加权的能量函数, 然后证明定理 4.4 和定理 4.5.

系统 (4.2) 的对偶系统如下:

$$\begin{cases} \alpha_k(t)z_{tt} - [\beta_k(x,t)z_x]_x + \gamma_k(x)z_{tx} = 0, & (x,t) \in Q, \\ z(0,t) = 0,\ z(1,t) = 0, & t \in (0,T), \\ z(x,0) = z^0,\ z_t(x,0) = z^1, & x \in (0,1), \end{cases} \tag{4.4}$$

根据文献 [52] 中有, 当 $k \in (0,1)$, 对于任意的初值 $(z^0, z^1) \in H_0^1(0,1) \times L^2(0,1)$ 系统 (4.4) 存在唯一的弱解

$$z \in C([0,T]; H_0^1(0,1)) \bigcap C^1([0,T]; L^2(0,1)).$$

我们定义系统 (4.4) 与第 2 章同样的加权的能量函数:

$$E(t) = \frac{1}{2}\int_0^1 \left[\alpha_k(t)|z_t(x,t)|^2 + \beta_k(x,t)|z_x(x,t)|^2\right] \mathrm{d}x, \quad t \geqslant 0.$$

同时我们设

$$E_0 \triangleq E(0) = \frac{1}{2}\int_0^1 \left[|z^1(x)|^2 + \beta_k(x,0)|z_x^0(x)|^2\right] \mathrm{d}x.$$

由引理 2.4 知

$$E(t) = \frac{1}{\alpha_k(t)} E_0, \quad t \in [0,T]. \tag{4.5}$$

由注 2.3 知, 我们可以证明:

对于任意初值 $(z_0, z_1) \in H_0^1(0,1) \times L^2(0,1)$, 系统 (4.4) 的解满足 $z_x(0,\cdot) \in L^2(0,T)$.

4.2.2 能控性的证明

下面我们来证明定理 4.4.

证明 我们分三个步骤来证明.

第一步 对于任意的初值 $(z^0, z^1) \in H_0^1(0,1) \times L^2(0,1)$, 用 z 表示 (4.4) 的

解. 我们考虑下面的齐次线性波动方程:

$$\begin{cases} \eta_{tt} - \left[\dfrac{\beta_k(x,t)}{\alpha_k(t)}\eta_x\right]_x + \dfrac{\gamma_k(x)}{\alpha_k(t)}\eta_{tx} = 0, & (x,t) \in Q, \\ \eta(0,t) = z_x(0,t),\ \eta(1,t) = 0, & t \in (0,T), \\ \eta(x,T) = \eta_t(x,T) = 0, & x \in (0,1). \end{cases} \tag{4.6}$$

我们知道系统 (4.6) 存在唯一转置解

$$\eta \in C([0,T];L^2(0,1)) \bigcap C^1([0,T];H^{-1}(0,1)).$$

下面我们定义线性算子 $\varLambda_1$:

$$\varLambda_1 : H_0^1(0,1) \times L^2(0,1) \to H^{-1}(0,1) \times L^2(0,1),$$

$$(z^0,z^1) \mapsto (k\eta(\cdot,0) - \eta_t(\cdot,0) - \gamma_k(\cdot)\eta_x(\cdot,0),\ \eta(\cdot,0)),$$

其中 η 为系统 (4.6) 的解.

同时我们在 $\left(H_0^1(0,1) \times L^2(0,1)\right)^2$ 上定义一个双线性型 A_1:

对于任意 (z^0,z^1), $(y^0,y^1) \in H_0^1(0,1) \times L^2(0,1)$

$$\begin{aligned} & A_1\left((z^0,z^1),(y^0,y^1)\right) \\ \triangleq & \langle \varLambda_1(z^0,z^1),(y^0,y^1)\rangle_{F',F} \\ = & \langle -\eta_t(\cdot,0) - \gamma_k(\cdot)\eta_x(\cdot,0), y^0\rangle_{H^{-1},H_0^1} \\ & + \int_0^1 \left[k\eta(x,0)y^0(x) + \eta(x,0)y^1(x)\right] \mathrm{d}x. \end{aligned}$$

用 $\alpha_k(t)z$ 乘系统 (4.6) 第一个方程两端并且在 Q 积分, 根据系统 (4.4) 有

$$\begin{aligned} & \int_0^T \beta_k(0,t)|z_x(0,t)|^2 \mathrm{d}t \\ = & \langle -\eta_t(\cdot,0) - \gamma_k(\cdot)\eta_x(\cdot,0), z^0\rangle_{H^{-1},H_0^1} \\ & + \int_0^1 \left[k\eta(x,0)z^0(x) + \eta(x,0)z^1(x)\right] \mathrm{d}x. \end{aligned}$$

再根据 Λ_1 的定义, 有

$$\int_0^T \beta_k(0,t)|z_x(0,t)|^2 \mathrm{d}t = \langle \Lambda_1(z^0,z^1),(z^0,z^1)\rangle_{F',F}. \tag{4.7}$$

第二步 若要证明定理 4.4 等价于证明 Λ_1 是一个同胚映射.

首先对于任意的目标 $(w_d^0, w_d^1) \in L^2(0,1) \times H^{-1}(0,1)$,

$$\begin{cases} \xi_{tt} - \left[\dfrac{\beta_k(x,t)}{\alpha_k(t)}\xi_x\right]_x + \dfrac{\gamma_k(x)}{\alpha_k(t)}\xi_{tx} = 0, & (x,t) \in Q, \\ \xi(0,t) = 0,\ \xi(1,t) = 0, & t \in (0,T), \\ \xi(T) = w_d^0,\ \xi_t(T) = w_d^1, & x \in (0,1), \end{cases} \tag{4.8}$$

存在唯一的弱解 $\xi \in C([0,T];L^2(0,1)) \bigcap C^1([0,T];H^{-1}(0,1))$.

如果 Λ_1 是同胚映射, 对于任意的初值 $(w^0,w^1) \in L^2(0,1) \times H^{-1}(0,1)$, 都存在 $(z^0,z^1) \in H_0^1(0,1) \times L^2(0,1)$ 使得

$$\Lambda_1(z^0,z^1) = \left(k[w^0 - \xi(0)] - [w^1 - \xi_t(0)] - \gamma_k[w_x^0 - \xi_x(0)], [w^0 - \xi(0)]\right), \tag{4.9}$$

其中 η 为系统 (4.6) 的解.

于是, 根据 Λ_1 的定义, 易验证 $(\eta(0),\eta_t(0)) = \left(w^0 - \xi(0), w^1 - \xi_t(0)\right)$. 因此令 $w = \xi + \eta$, 则 w 相应于 $v_2 = z_x(0,\cdot)$ 系统 (4.2) 的解. 并且满足 $(w(0),w_t(0)) = (w^0,w^1)$ 和 $(w(T),w_t(T)) = (w_d^0,w_d^1)$.

第三步 若要证明 Λ_1 是同胚映射, 根据 Lax-Milgram 引理, 我们只需证明以下三个引理.

引理4.2 设 $T>0$. 对于任意的初值 $(z^0,z^1) \in H_0^1(0,1) \times L^2(0,1)$, 则存在常数 $C>0$, 使得系统 (4.4) 的弱解 z 满足

$$\int_0^T \beta_k(0,t)|z_x(0,t)|^2 \mathrm{d}t \leqslant C\left(|z^0|^2_{H_0^1(0,1)} + |z^1|^2_{L^2(0,1)}\right). \tag{4.10}$$

引理4.3 设 $T > T_*^1$. 对于任意的初值 $(z^0,z^1) \in H_0^1(0,1) \times L^2(0,1)$, 则存在常数 $C>0$, 使得系统 (4.4) 的弱解 z 满足

$$\int_0^T \beta_k(0,t)|z_x(0,t)|^2 \mathrm{d}t \geqslant C\left(|z^0|^2_{H_0^1(0,1)} + |z^1|^2_{L^2(0,1)}\right). \tag{4.11}$$

引理4.4　设 $T > T_*^2$. 对于任意的初值 $(z^0, z^1) \in H_0^1(0,1) \times L^2(0,1)$, 则存在常数 $C > 0$, 使得系统 (4.4) 的弱解 z 满足

$$\int_0^T \beta_k(0,t)|z_x(0,t)|^2 \mathrm{d}t \geqslant C\left(|z^0|^2_{H_0^1(0,1)} + |z^1|^2_{L^2(0,1)}\right). \tag{4.12}$$

我们称不等式 (4.10) 为正向不等式, 称 (4.11)、(4.12) 为能观不等式, 这三个引理我们分别在以下三小节给出证明.

4.2.3　正向不等式的证明

这一小节我们用乘子的方法来证明引理 4.2, 即证明正向不等式 (4.10) 成立.

证明　用 $(x-1)z_x$ 乘 (4.4) 第一个方程并且在区域 Q 积分得

$$\begin{aligned}
0 =& \int_0^T \int_0^1 \alpha_k(t) z_{tt}(x,t)(x-1)z_x(x,t)\mathrm{d}x\mathrm{d}t \\
&- \int_0^T \int_0^1 \left[\beta_k(x,t)z_x(x,t)\right]_x (x-1)z_x(x,t)\mathrm{d}x\mathrm{d}t \\
&+ \int_0^T \int_0^1 \gamma_k(x) z_{tx}(x,t)(x-1)z_x(x,t)\mathrm{d}x\mathrm{d}t \\
\triangleq& V_1 + V_2 + V_3.
\end{aligned}$$

下面我们分别计算 $V_i (i=1,2,3)$ 得

$$\begin{aligned}
V_1 =& \int_0^1 \alpha_k(t)(x-1)z_t(x,t)z_x(x,t)\mathrm{d}x\Big|_0^T \\
&- \int_0^T \int_0^1 \left[\alpha_{k,t}(t)(x-1)z_t(x,t)z_x(x,t)\right. \\
&\left.+\alpha_k(t)(x-1)z_t(x,t)z_{tx}(x,t)\right]\mathrm{d}x\mathrm{d}t \\
=& \int_0^1 \alpha_k(t)(x-1)z_t(x,t)z_x(x,t)\mathrm{d}x\Big|_0^T \\
&- \int_0^T \int_0^1 k(x-1)z_t(x,t)z_x(x,t)\mathrm{d}x\mathrm{d}t \\
&+\frac{1}{2}\int_0^T \int_0^1 \alpha_k(t)|z_t(x,t)|^2\mathrm{d}x\mathrm{d}t,
\end{aligned} \tag{4.13}$$

$$\begin{aligned}V_2 =& -\int_0^T \beta_k(x,t)(x-1)|z_x(x,t)|^2\mathrm{d}t\Big|_0^1\\&+\int_0^T\int_0^1\big[-\beta_k(x,t)|z_x(x,t)|^2\\&+\beta_k(x,t)(x-1)z_x(x,t)z_{xx}(x,t)\big]\,\mathrm{d}x\mathrm{d}t\\=&-\int_0^T \beta_k(x,t)(x-1)|z_x(x,t)|^2\mathrm{d}t\Big|_0^1\\&+\int_0^T\int_0^1 \beta_k(x,t)|z_x(x,t)|^2\mathrm{d}x\mathrm{d}t\\&+\frac{1}{2}\int_0^T \beta_k(x,t)(x-1)|z_x(x,t)|^2\mathrm{d}t\Big|_0^1\\&-\frac{1}{2}\int_0^T\int_0^1[\beta_k(x,t)(x-1)]_x|z_x(x,t)|^2\mathrm{d}x\mathrm{d}t\\=&-\frac{1}{2}\int_0^T \beta_k(0,t)|z_x(0,t)|^2\mathrm{d}t\\&+\frac{1}{2}\int_0^T\int_0^1\big[\beta_k(x,t)|z_x(x,t)|^2\\&-\beta_{k,x}(x,t)(x-1)|z_x(x,t)|^2\big]\,\mathrm{d}x\mathrm{d}t\end{aligned}\tag{4.14}$$

和

$$V_3 = \frac{1}{2}\int_0^1 \gamma_k(x)(x-1)|z_x(x,t)|^2\mathrm{d}x\Big|_0^T.\tag{4.15}$$

根据 (4.13)—(4.15), 我们得到

$$\begin{aligned}&\frac{1}{2}\int_0^T \beta_k(0,t)|z_x(0,t)|^2\mathrm{d}t\\=&\int_0^T E(t)\mathrm{d}t-\int_0^T\int_0^1 k(x-1)z_t(x,t)z_x(x,t)\mathrm{d}x\mathrm{d}t\\&+\int_0^T\int_0^1\frac{k^2x(x-1)}{1+kt}|z_x(x,t)|^2\mathrm{d}x\mathrm{d}t\\&+\int_0^1\big[\alpha_k(t)(x-1)z_t(x,t)z_x(x,t)\\&-kx(x-1)|z_x(x,t)|^2\big]\,\mathrm{d}x\Big|_0^T.\end{aligned}\tag{4.16}$$

下面我们估计等式 (4.16) 右端的每一项. 我们知道

$$1\leqslant\alpha_k(t)\leqslant 1+kT$$

和

$$0 < \frac{1-k^2}{1+kT} \leqslant \beta_k(x,t) \leqslant 1 \ (x,t) \in Q,$$

再由 (4.15), 有

$$\begin{aligned}
&\int_0^T E(t)\mathrm{d}t - \int_0^T \int_0^1 k(x-1)z_t(x,t)z_x(x,t)\mathrm{d}x\mathrm{d}t \\
&+\int_0^T \int_0^1 \frac{k^2x(x-1)}{1+kt}|z_x(x,t)|^2\mathrm{d}x\mathrm{d}t \\
\leqslant&\int_0^T E(t)\mathrm{d}t + C\int_0^T \int_0^1 \left[|z_t(x,t)|^2 + |z_x(x,t)|^2\right]\mathrm{d}x\mathrm{d}t \\
\leqslant&\int_0^T E(t)\mathrm{d}t + C\int_0^T \int_0^1 \left[\alpha_t(t)|z_t(x,t)|^2\right. \\
&\left.+\beta_k(x,t)|z_x(x,t)|^2\right]\mathrm{d}x\mathrm{d}t \\
\leqslant& C\int_0^T E(t)\mathrm{d}t \\
\leqslant& CE_0.
\end{aligned} \tag{4.17}$$

另一方面 $\forall t \in [0,T]$, 易知

$$\begin{aligned}
&\left|\int_0^1 \left[\alpha_k(t)(x-1)z_t(x,t)z_x(x,t) - kx(x-1)|z_x(x,t)|^2\right]\mathrm{d}x\right| \\
\leqslant& C\int_0^T E(t)\mathrm{d}t \leqslant CE_0.
\end{aligned}$$

从而有

$$\left|\int_0^1 \left[\alpha_k(t)(x-1)z_t(x,t)z_x(x,t) - kx(x-1)|z_x(x,t)|^2\right]\mathrm{d}x\Big|_0^T\right| \leqslant CE_0. \tag{4.18}$$

因此, 由 (4.16)—(4.18), 得到

$$\frac{1}{2}\int_0^T \beta_k(0,t)|z_x(0,t)|^2\mathrm{d}t \leqslant CE_0 \leqslant C\left(|z^0|^2_{H_0^1(0,1)} + |z^1|^2_{L^2(0,1)}\right).$$

□

4.2.4 逐点估计的方法

这一小节我们利用逐点估计的方法来证明能观不等式 (4.11) 成立, 即证明引理 4.3.

证明 设

$$G(x) = \frac{1}{2}\int_{A_1(x)}^{T-A_1(x)} \left[\alpha_k(t)|z_t(x,t)|^2 + \beta_k(x,t)|z_x(x,t)|^2\right] \mathrm{d}t \tag{4.19}$$

特别地,

$$G(0) = \frac{1}{2}\int_{A_1(x)}^{T-A_1(x)} \beta_k(0,t)|z_x(0,t)|^2 \mathrm{d}t. \tag{4.20}$$

$$\begin{aligned}
G'(x) = &\int_{A_1(x)}^{T-A_1(x)} \Big[\alpha_k(t)z_t(x,t)z_{t,x}(x,t) \\
&+\beta_k(x,t)z_x(x,t)z_{xx}(x,t) + \frac{1}{2}\beta_{k,x}(x,t)|z_x(x,t)|^2\Big] \mathrm{d}t \\
&+\left(-\frac{1}{2}A_1'(x)\right) \sum_{t=T-A_1(x),A_1(x)} \left[\alpha_k(t)|z_t(x,t)|^2 + \beta_k(x,t)|z_x(x,t)|^2\right].
\end{aligned} \tag{4.21}$$

其中

$$\begin{aligned}
&\int_{A_1(x)}^{T-A_1(x)} \alpha_k(t)z_t(x,t)z_{t,x}(x,t)\mathrm{d}t \\
= &[\alpha_k(t)z_t(x,t)z_x(x,t)]|_{A_1(x)}^{T-A_1(x)} \\
&-\int_{A_1(x)}^{T-A_1(x)} [\alpha_{k,t}(t)z_t(x,t)z_x(x,t) + \alpha_k(t)z_{tt}(x,t)z_x(x,t)]\, \mathrm{d}t.
\end{aligned} \tag{4.22}$$

根据 (4.4), 有

$$\begin{aligned}
\alpha_k(t)z_{tt}(x,t) = &[\beta_k(x,t)z_x]_x(x,t) - \gamma_k(x)z_{tx}(x,t) \\
= &\beta_{k,x}(x,t)z_x(x,t) + \beta_k(x,t)z_{xx}(x,t) - \gamma_k(x)z_{tx}(x,t).
\end{aligned}$$

将上式代入 (4.22) 得

$$\begin{aligned}
&\int_{A_1(x)}^{T-A_1(x)} \alpha_k(t)z_t(x,t)z_{t,x}(x,t)\mathrm{d}t \\
= &[\alpha_k(t)z_t(x,t)z_x(x,t)]|_{A_1(x)}^{T-A_1(x)} \\
&-\int_{A_1(x)}^{T-A_1(x)} [\alpha_{k,t}(t)z_t(x,t)z_x(x,t) + \beta_{k,x}(x,t)|z_x(x,t)|^2 \\
&+\beta_k(x,t)z_{xx}(x,t)z_x(x,t) - \gamma_k(x)z_{tx}(x,t)z_x(x,t)]\, \mathrm{d}t \\
= &[\alpha_k(t)z_t(x,t)z_x(x,t)]|_{A_1(x)}^{T-A_1(x)}
\end{aligned}$$

$$
\begin{aligned}
&-\int_{A_1(x)}^{T-A_1(x)}\left[\alpha_{k,t}(t)z_t(x,t)z_x(x,t)+\beta_{k,x}(x,t)|z_x(x,t)|^2\right.\\
&\left.+\beta_k(x,t)z_{xx}(x,t)z_x(x,t)\right]\mathrm{d}t+\left[\frac{1}{2}\gamma_k(x)|z_x(x,t)|^2\right]\Bigg|_{A_1(x)}^{T-A_1(x)}\\
=&\left[\alpha_k(t)z_t(x,t)z_x(x,t)+\frac{1}{2}\gamma_k(x)|z_x(x,t)|^2\right]\Bigg|_{A_1(x)}^{T-A_1(x)}\\
&-\int_{A_1(x)}^{T-A_1(x)}\left[\alpha_{k,t}(t)z_t(x,t)z_x(x,t)+\beta_{k,x}(x,t)|z_x(x,t)|^2\right.\\
&\left.+\beta_k(x,t)z_{xx}(x,t)z_x(x,t)\right]\mathrm{d}t.
\end{aligned}
\tag{4.23}
$$

把 (4.23) 代入 (4.21) 中, 整理得

$$
\begin{aligned}
G'(x)=&-\int_{A_1(x)}^{T-A_1(x)}\left[\alpha_{k,t}(t)z_t(x,t)z_x(x,t)\right.\\
&\left.+\frac{1}{2}\beta_{k,x}(x,t)|z_x(x,t)|^2\right]\mathrm{d}t\\
&+\left[\alpha_k(t)z_t(x,t)z_x(x,t)+\frac{1}{2}\gamma_k(x)|z_x(x,t)|^2\right]\Bigg|_{A_1(x)}^{T-A_1(x)}\\
&+\left(-\frac{1}{2}A_1'(x)\right)\sum_{t=T-A_1(x),A_1(x)}\left[\alpha_k(t)|z_t(x,t)|^2+\beta_k(x,t)|z_x(x,t)|^2\right].
\end{aligned}
\tag{4.24}
$$

我们选取函数 $A_1(x)$ 使得上式中

$$
\begin{aligned}
&\left[\alpha_k(t)z_t(x,t)z_x(x,t)+\frac{1}{2}\gamma_k(x)|z_x(x,t)|^2\right]\Bigg|_{A_1(x)}^{T-A_1(x)}\\
&+\left(-\frac{1}{2}A_1'(x)\right)\sum_{t=T-A_1(x),A_1(x)}\left[\alpha_k(t)|z_t(x,t)|^2\right.\\
&\left.+\beta_k(x,t)|z_x(x,t)|^2\right]\\
\leqslant&\,0.
\end{aligned}
\tag{4.25}
$$

由 (4.24) 和 (4.25), 对于 $\varepsilon>0$ 有

$$
\begin{aligned}
G'(x)\leqslant&-\int_{A_1(x)}^{T-A_1(x)}\left[\alpha_{k,t}(t)z_t(x,t)z_x(x,t)+\frac{1}{2}\beta_{k,x}(x,t)|z_x(x,t)|^2\right]\mathrm{d}t\\
=&\int_{A_1(x)}^{T-A_1(x)}\left[-kz_t(x,t)z_x(x,t)+\frac{k^2x}{\alpha_k(t)}|z_x(x,t)|^2\right]\mathrm{d}t
\end{aligned}
$$

$$\begin{aligned}
&\leqslant \left|\int_{A_1(x)}^{T-A_1(x)} \sqrt{\alpha_k(t)} z_t(x,t) \frac{k}{\sqrt{\alpha_k(t)}} z_x(x,t)\mathrm{d}t\right| \\
&\quad + \left|\int_{A_1(x)}^{T-A_1(x)} \frac{k^2 x}{1-k^2x^2} \beta_k(x,t)|z_x(x,t)|^2 \mathrm{d}t\right| \\
&\leqslant \frac{1}{2\varepsilon} \int_{A_1(x)}^{T-A_1(x)} \alpha_k(t)|z_t(x,t)|^2 \mathrm{d}t \\
&\quad + \frac{\varepsilon}{2} \int_{A_1(x)}^{T-A_1(x)} \frac{k^2}{1-k^2x^2} \beta_k(x,t)|z_x(x,t)|^2 \mathrm{d}t \\
&\quad + \int_{A_1(x)}^{T-A_1(x)} \frac{k^2 x}{1-k^2x^2} \beta_k(x,t)|z_x(x,t)|^2 \mathrm{d}t \\
&\leqslant \frac{1}{2}\frac{1}{\varepsilon} \int_{A_1(x)}^{T-A_1(x)} \alpha_k(t)|z_t(x,t)|^2 \mathrm{d}t \\
&\quad + \frac{1}{2}\frac{k^2(\varepsilon+2)}{1-k^2} \int_{A_1(x)}^{T-A_1(x)} \beta_k(x,t)|z_x(x,t)|^2 \mathrm{d}t.
\end{aligned}$$

取 $\varepsilon = \dfrac{1-k}{k}$, 知

$$\frac{1}{\varepsilon} = \frac{k^2(\varepsilon+2)}{1-k^2}.$$

从而有

$$G'(x) \leqslant \frac{k}{1-k} G(x).$$

上式由 Gronwall 不等式得存在 $C > 0$, 使得

$$G(x) \leqslant CG(0).$$

于是有

$$\int_0^1 G(x)\mathrm{d}x \leqslant CG(0). \tag{4.26}$$

根据 (4.26) 和 (4.5) 有

$$\begin{aligned}
[T - 2A_1(1)]E_0 &= \int_{A_1(1)}^{T-A_1(1)} E_0 \mathrm{d}t \\
&\leqslant (1+kT) \int_{A_1(1)}^{T-A_1(1)} E(t)\mathrm{d}t
\end{aligned}$$

$$
\begin{aligned}
&= (1+kT)\frac{1}{2}\int_{A_1(1)}^{T-A_1(1)}\int_0^1 \left[\alpha_k(t)|z_t(x,t)|^2\mathrm{d}t\right.\\
&\quad \left.+\beta_k(x,t)|z_x(x,t)|^2\right]\mathrm{d}t\mathrm{d}x.
\end{aligned}\tag{4.27}
$$

我们取 $A_1(x)$ 满足

$$
A_1'(x)>0,\quad A_1(1)\geqslant A_1(x)\geqslant A_1(0)\geqslant 0.\tag{4.28}
$$

从而由 (4.19), (4.26) 和 (4.27) 有

$$
\begin{aligned}
&[T-2A_1(1)]E_0\\
&\leqslant (1+kT)\frac{1}{2}\int_{A_1(x)}^{T-A_1(x)}\int_0^1 \left[\alpha_k(t)|z_t(x,t)|^2\mathrm{d}t\right.\\
&\quad \left.+\beta_k(x,t)|z_x(x,t)|^2\right]\mathrm{d}t\mathrm{d}x\\
&\leqslant (1+kT)\int_0^1 G(x)\mathrm{d}x\\
&\leqslant C(1+kT)G(0).
\end{aligned}
$$

由上式和 (4.20) 有

$$
\begin{aligned}
G(0)&=\frac{1}{2}\int_{A_1(x)}^{T-A_1(x)}\beta_k(0,t)|z_x(0,t)|^2\mathrm{d}t\\
&\geqslant \frac{1}{C(1+kT)}[T-2A_1(1)]E_0.
\end{aligned}\tag{4.29}
$$

设 $T_*^1\triangleq 2A_1(1)$, 有当 $T>T_*^1$ 时, 由 (4.29) 得到 (4.11).

下面我们来选取当 $T>T_*^1$ 时,$A_1(x)$ 满足 (4.28) 和 (4.25).

在 (4.25) 中, 对于 $0<\varepsilon\leqslant 1$,

$$
\begin{aligned}
&|\alpha_k(t)z_t(x,t)z_x(x,t)|\\
&=\left|\sqrt{\alpha_k(t)}z_t(x,t)\sqrt{\alpha_k(t)}z_x(x,t)\right|\\
&=\left|\sqrt{\alpha_k(t)}\sqrt{A_1'(x)}z_t(x,t)\frac{\sqrt{\alpha_k(t)}}{\sqrt{A_1'(x)}}z_x(x,t)\right|\\
&\leqslant \frac{\varepsilon}{2}\alpha_k(t)A_1'(x)|z_t(x,t)|^2+\frac{1}{2\varepsilon}\frac{\alpha_k(t)}{A_1'(x)}|z_x(x,t)|^2\\
&=\frac{A_1'(x)}{2}\left[\varepsilon\alpha_k(t)|z_t(x,t)|^2\right]+\frac{A_1'(x)}{2}\left[\frac{1}{\varepsilon}\frac{\alpha_k(t)}{(A_1'(x))^2}|z_x(x,t)|^2\right].
\end{aligned}\tag{4.30}
$$

$$\left|\frac{1}{2}\gamma_k(x)|z_x(x,t)|^2\right| \leqslant \frac{1}{2}A_1'(x)\frac{|\gamma_k(x)|}{A_1'(x)}|z_x(x,t)|^2. \tag{4.31}$$

因此, 如果使

$$\begin{aligned}
&\left[\alpha_k(t)z_t(x,t)z_x(x,t)+\frac{1}{2}\gamma_k(x)|z_x(x,t)|^2\right]\Bigg|_{A_1(x)}^{T-A_1(x)}\\
&+\left(-\frac{1}{2}A_1'(x)\right)\sum_{t=T-A_1(x),A_1(x)}[\alpha_k(t)|z_t(x,t)|^2\\
&+\beta_k(x,t)|z_x(x,t)|^2]\\
\leqslant&\frac{1}{2}A_1'(x)\sum_{t=T-A_1(x),A_1(x)}\bigg\{(\varepsilon-1)\alpha_k(t)|z_t(x,t)|^2\\
&+\left[\frac{1}{\varepsilon}\frac{\alpha_k(t)}{(A_1'(x))^2}+\frac{|\gamma_k(x)|}{A_1'(x)}-\beta_k(x,t)\right]|z_x(x,t)|^2\bigg\}\\
\leqslant&0
\end{aligned} \tag{4.32}$$

成立, 只需 $0<\varepsilon\leqslant 1$ 且 $A_1(x)$ 满足

$$\frac{1}{\varepsilon}\frac{\alpha_k(t)}{(A_1'(x))^2}+\frac{|\gamma_k(x)|}{A_1'(x)}-\beta_k(x,t)\leqslant 0 \tag{4.33}$$

即可. 由 (4.33) 有

$$\frac{1}{\varepsilon(A_1'(x))^2}+\frac{2kx}{A_1'(x)\alpha_k(t)}+\frac{k^2x^2}{\alpha_k^2(t)}\leqslant\frac{1}{\alpha_k^2(t)}$$

我们取 $\varepsilon=1$, 由上式得到

$$\left[\frac{1}{A_1'(x)}+\frac{kx}{\alpha_k(t)}\right]^2\leqslant\frac{1}{\alpha_k^2(t)},$$

由上式有

$$\frac{1}{A_1'(x)}+\frac{kx}{\alpha_k(t)}\leqslant\frac{1}{\alpha_k(t)}. \tag{4.34}$$

由 (4.34) 得到, $T>T_*^1$ 时, 有

$$A_1'(x)\geqslant\frac{\alpha_k(t)}{1-kx}\geqslant\frac{1+kT_*^1}{1-kx}.$$

上式在 $(0,x)$ 积分得到

$$A_1(x)\geqslant\frac{1+kT_*^1}{k}[-\ln(1-kx)].$$

于是, 我们选取

$$A_1(x) = \frac{1+kT_*^1}{k}[-\ln(1-kx)], \tag{4.35}$$

满足 (4.28) 和 (4.25). 特别地,

$$A_1(1) = \frac{1+kT_*^1}{k}[-\ln(1-k)]. \tag{4.36}$$

由 T_* 定义与上式得到当 $k \in \left(0, 1-\frac{1}{\sqrt{\mathrm{e}}}\right)$ 时,

$$T_*^1 = \frac{-2\ln(1-k)}{k[1+2\ln(1-k)]}$$

且满足

$$T_*^1 = 2A_1(1).$$

□

注 4.2 易验证

$$T^1 \triangleq \lim_{k\to 0} T_*^1 = \lim_{k\to 0} \frac{-2\ln(1-k)}{k[1+2\ln(1-k)]} = 2.$$

我们知道在文献 [45] 中, 当 $T > T^1$ 时, 柱状区域上常系数波动方程在这种类型的边界控制下都能达到精确边界零能控, 但是我们不能证明 T_*^1 是最小能控性时间.

4.2.5 乘子的方法

这一小节我们利用 Hilbert 唯一性方法和乘子方法来证明定理 4.5. 定理 4.5 的证明与定理 4.4 的证明步骤完全类似，不同的是我们利用乘子的方法来证明能观不等式 (4.12) 成立, 即证明引理 4.4.

证明 用 $qz_x(q \in C^1[0,1])$ 乘 (4.4) 第一个方程并且在区域 Q 积分得

$$\begin{aligned}
&\left[\frac{1}{2}\int_0^T \beta_k(x,t)q(x)|z_x(x,t)|^2\mathrm{d}t\right]\Bigg|_0^1 \\
=&\frac{1}{2}\int_0^T\int_0^1 \left[q_x(x)\alpha_k(t)|z_t(x,t)|^2\right. \\
&\left.+(q_x(x)\beta_k(x,t)-\beta_{k,x}(x,t)q(x))|z_x(x,t)|^2\right]\mathrm{d}x\mathrm{d}t \\
&-\int_0^T\int_0^1 \alpha_{k,t}(t)q(x)z_t(x,t)z_x(x,t)\mathrm{d}x\mathrm{d}t
\end{aligned}$$

$$+\int_0^1 \left[\alpha_k(t)q(x)z_t(x,t)z_x(x,t) + \frac{1}{2}\gamma_k(x)q(x)|z_x(x,t)|^2\right] \mathrm{d}x \Big|_0^T. \tag{4.37}$$

我们选取 $q(x) \in C^1[0,1]$ 满足

$$\begin{cases} q'(x) = \lambda + \dfrac{\beta_{k,x}(x,t)}{\beta_k(x,t)}q(x), & x \in [0,1), \\ q(1) = 0, \end{cases} \tag{4.38}$$

其中 $\lambda > 0$ 为参数.

解上述一阶线性微分方程得

$$q(x) = \frac{\lambda(1-k^2x^2)}{2k}\left(\ln\frac{1+kx}{1-kx} - \ln\frac{1+k}{1-k}\right),$$

且易验证满足

$$q(x) \leqslant 0, x \in [0,1]; q'(x) \geqslant \lambda, x \in [0,1];$$

$$L \triangleq \max_{0\leqslant x\leqslant 1}|q(x)| = |q(0)| = \frac{\lambda}{2k}\ln\frac{1+k}{1-k}.$$

设

$$g(x) = \frac{k^2}{1-k^2x^2}q^2(x), \quad x \in [0,1].$$

我们易验证

$$g'(x) \leqslant 0.$$

从而有

$$L_1 \triangleq \max_{0\leqslant x\leqslant 1}|g(x)| = k^2q^2(0) = k^2L^2.$$

将 $q(x)$ 代入 (4.37), 根据 $q(x)$ 的性质简单计算得到

$$
\begin{aligned}
&-\frac{1}{2}q(0)\int_0^T \beta_k(0,t)|z_x(0,t)|^2\mathrm{d}t \\
\geqslant&\frac{1}{2}\lambda\int_0^T\int_0^1\left[\alpha_k(t)|z_t(x,t)|^2+\beta_k(x,t)|z_x(x,t)|^2\right]\mathrm{d}x\mathrm{d}t \\
&-\int_0^T\int_0^1 \alpha_{k,t}(t)q(x)z_t(x,t)z_x(x,t)\mathrm{d}x\mathrm{d}t \\
&+\int_0^1 \left[\alpha_k(t)q(x)z_t(x,t)z_x(x,t)\right. \\
&\left.+\frac{1}{2}\gamma_k(x)q(x)|z_x(x,t)|^2\right]\mathrm{d}x\Big|_0^T \\
=&\lambda\int_0^T E(t)\mathrm{d}t-\int_0^T\int_0^1 \alpha_{k,t}(t)q(x)z_t(x,t)z_x(x,t)\mathrm{d}x\mathrm{d}t \\
&+\int_0^1 \left[\alpha_k(t)q(x)z_t(x,t)z_x(x,t)\right. \\
&\left.+\frac{1}{2}\gamma_k(x)q(x)|z_x(x,t)|^2\right]\mathrm{d}x\Big|_0^T.
\end{aligned}
\tag{4.39}
$$

其中 $\forall t\in[0,T]$, $\varepsilon>0$, 有

$$
\begin{aligned}
&\left|\int_0^1\left[\alpha_k(t)q(x)z_t(x,t)z_x(x,t)+\frac{1}{2}\gamma_k(x)q(x)|z_x(x,t)|^2\right]\mathrm{d}x\right| \\
\leqslant&\left|\int_0^1 \alpha_k(t)q(x)z_t(x,t)z_x(x,t)\mathrm{d}x\right|+k\left|\int_0^1 xq(x)|z_x(x,t)|^2\mathrm{d}x\right| \\
\leqslant&\sqrt{1+kt}\left[\frac{1}{2\varepsilon}\int_0^1 \alpha_k(t)|z_t(x,t)|^2\mathrm{d}x\right. \\
&\left.+\frac{\varepsilon}{2}\int_0^1 q^2(x)|z_x(x,t)|^2\mathrm{d}x\right]+kL\int_0^1 |z_x(x,t)|^2\mathrm{d}x \\
\leqslant&\frac{\sqrt{1+kt}}{2\varepsilon}\int_0^1 \alpha_k(t)|z_t(x,t)|^2\mathrm{d}x \\
&+\frac{\sqrt{1+kt}\varepsilon L^2+2kL}{2}\int_0^1 |z_x(x,t)|^2\mathrm{d}x \\
\leqslant&\frac{\sqrt{1+kt}}{\varepsilon}\frac{1}{2}\int_0^1 \alpha_k(t)|z_t(x,t)|^2\mathrm{d}x \\
&+\frac{(\sqrt{1+kt}\varepsilon L^2+2kL)(1+kt)}{1-k^2}\frac{1}{2}\int_0^1 \beta_k(x,t)|z_x(x,t)|^2\mathrm{d}x.
\end{aligned}
$$

取 $\varepsilon=\dfrac{1-k}{\sqrt{1+kt}L}$, 则有

$$\varepsilon > 0,$$

并且

$$\begin{aligned}\frac{\sqrt{1+kt}}{\varepsilon} =& \frac{(\sqrt{1+kt}\varepsilon L^2 + 2kL)(1+kt)}{1-k^2}\\ =& \frac{L(1+kt)}{1-k}.\end{aligned}$$

于是 $\forall t \in [0,T]$, 有

$$\begin{aligned}&\left|\int_0^1 \left[\alpha_k(t)q(x)z_t(x,t)z_x(x,t) + \frac{1}{2}\gamma_k(x)q(x)|z_x(x,t)|^2\right]\mathrm{d}x\right|\\ \leqslant& \frac{L(1+kt)}{1-k}E(t)\\ =& \frac{L}{1-k}E_0.\end{aligned}$$

从而有

$$\left|\int_0^1 \left[\alpha_k(t)q(x)z_t(x,t)z_x(x,t) + \frac{1}{2}\gamma_k(x)q(x)|z_x(x,t)|^2\right]\mathrm{d}x\Big|_0^T\right| \leqslant \frac{2L}{1-k}E_0. \quad (4.40)$$

对于 $\varepsilon \in (0,\lambda)$ 有

$$\begin{aligned}&\left|\int_0^T\int_0^1 kq(x)z_t(x,t)z_x(x,t)\mathrm{d}x\mathrm{d}t\right|\\ =& \left|\int_0^T\int_0^1 \sqrt{1+kt}z_t(x,t)\frac{\sqrt{1-k^2x^2}}{\sqrt{1+kt}}z_x(x,t)\frac{kq(x)}{\sqrt{1-k^2x^2}}\mathrm{d}x\mathrm{d}t\right|\\ \leqslant& \frac{\varepsilon}{2}\int_0^T\int_0^1 \alpha_k(t)|z_t(x,t)|^2\mathrm{d}x\mathrm{d}t\\ &+ \frac{1}{2\varepsilon}\int_0^T\int_0^1 \beta_k(x,t)|z_x(x,t)|^2 g(x)\mathrm{d}x\mathrm{d}t\\ \leqslant& \frac{\varepsilon}{2}\int_0^T\int_0^1 \alpha_k(t)|z_t(x,t)|^2\mathrm{d}x\mathrm{d}t\\ &+ \frac{1}{2\varepsilon}k^2L^2\int_0^T\int_0^1 \beta_k(x,t)|z_x(x,t)|^2\mathrm{d}x\mathrm{d}t.\end{aligned}$$

选取 $\varepsilon_0 = kL < \lambda$, 并且满足

$$\varepsilon_0 = kL = \frac{k^2L^2}{\varepsilon_0} < \lambda,$$

即

$$k\frac{\lambda}{2k}\ln\frac{1+k}{1-k}<\lambda.$$

从上式解出

$$k<1-\frac{2}{1+\mathrm{e}^2}.$$

于是当

$$k\in\left(0,1-\frac{2}{1+\mathrm{e}^2}\right)$$

时,

$$\left|\int_0^T\int_0^1 kp(x)z_t(x,t)z_x(x,t)\mathrm{d}x\mathrm{d}t\right|\leqslant kL\int_0^T E(t)\mathrm{d}t. \tag{4.41}$$

由 (2.6) 和 (4.39)—(4.41) 得

$$\begin{aligned}&-\frac{1}{2}q(0)\int_0^T\beta_k(0,t)|z_x(0,t)|^2\mathrm{d}t\\ \geqslant&(\lambda-kL)\int_0^T E(t)\mathrm{d}t-\frac{2L}{1-k}E_0\\ =&\left[\frac{\lambda-kL}{k}\ln(1+kT)-\frac{2L}{1-k}\right]E_0.\end{aligned} \tag{4.42}$$

令

$$T_*^2=\frac{\mathrm{e}^{\frac{2kL}{(1-k)(\lambda-kL)}}-1}{k}.$$

当 $T>T_*^2$ 时,

$$\frac{\lambda-kL}{k}\ln(1+kT)-\frac{2L}{1-k}>0.$$

并且有

$$\begin{aligned}&-\frac{1}{2}q(0)\int_0^T\beta_k(0,t)|z_x(0,t)|^2\mathrm{d}t\\ \geqslant&C\left[\frac{\lambda-kL}{k}\ln(1+kT)-\frac{2L}{1-k}\right]\left(|z^0|^2_{H_0^1(0,1)}+|z^1|^2_{L^2(0,1)}\right).\end{aligned}$$

□

注 4.3 易验证

$$
\begin{aligned}
T^1 &\triangleq \lim_{k\to 0} T_*^2 \\
&= \lim_{k\to 0} \frac{e^{\frac{2kL}{(1-k)(\lambda-kL)}}-1}{k} \\
&= \lim_{k\to 0} \frac{\frac{2kL}{(1-k)(\lambda-kL)}}{k} \\
&= \lim_{k\to 0} \frac{2L}{\lambda} \\
&= \lim_{k\to 0} \frac{2\frac{\lambda}{2k}\ln\frac{1+k}{1-k}}{\lambda} \\
&=2.
\end{aligned}
$$

同样地, 我们不能证明 T_*^2 是最小能控性时间.

4.2.6 一般的结果

这一小节我们利用 Hilbert 唯一性方法来证明定理 4.3. 根据对偶原理, 若证明定理 4.3 等价证明原系统的对偶方程的能观不等式成立.

$$
\begin{cases}
z_{tt}-z_{yy}=0, & (y,t)\in \widehat{Q}_T^k, \\
z(0,t)=0,\ z(\alpha_k(t),t)=0, & t\in(0,T), \\
z(0)=z^0,\ z_t(0)=z^1, & y\in(0,1),
\end{cases} \tag{4.43}
$$

当 $k\in(0,1)$, 对于任意的初值 $(z^0,z^1)\in H_0^1(0,1)\times L^2(0,1)$ 系统 (4.43) 存在唯一的弱解

$$
z\in C([0,T];H_0^1(0,\alpha_k(t)))\bigcap C^1([0,T];L^2(0,\alpha_k(t))).
$$

定义系统 (4.43) 的能量函数

$$
E(t)=\frac{1}{2}\int_0^{\alpha_k(t)}\left[|z_t(y,t)|^2+|z_y(y,t)|^2\right]\mathrm{d}y,\quad t\geqslant 0,
$$

同时设

$$
E_0\triangleq E(0)=\frac{1}{2}\int_0^1\left[|z^1(y)|^2+|z_y^0(y)|^2\right]\mathrm{d}y.
$$

为了得到系统 (4.43) 的能观不等式，我们先证明以下引理.

引理 4.5　对于任意的初值 $(z^0,z^1)\in H_0^1(0,1)\times L^2(0,1)$ 和 $t\in[0,T]$, 系统 (4.43) 有

$$E(t)-E_0=\frac{k(k^2-1)}{2}\int_0^t|z_y(\alpha_k(s),s)|^2\mathrm{d}s. \tag{4.44}$$

证明　系统 (4.43) 的第一个方程两端乘以 z_t 并且在区域 $(0,\alpha_k(s))\times(0,t)$, $0<t\leqslant T$ 上积分有

$$\begin{aligned}0&=\int_0^t\int_0^{\alpha_k(s)}[z_{tt}(y,s)z_t(y,s)-z_{yy}(y,s)z_t(y,s)]\,\mathrm{d}y\mathrm{d}s\\&\triangleq I_1+I_2.\end{aligned}$$

下面我们分别计算 I_i $(i=1,2)$.

$$\begin{aligned}I_1&=\int_0^t\int_0^{\alpha_k(t)}z_{tt}(y,s)z_t(y,s)\mathrm{d}y\mathrm{d}s\\&=\int_0^t\left[\frac{\partial}{\partial s}\int_0^{\alpha_k(s)}\frac{1}{2}|z_t(y,s)|^2\mathrm{d}y-\frac{1}{2}z_t^2(\alpha_k(s),s)\cdot k\right]\mathrm{d}s\\&=\int_0^{\alpha_k(t)}\frac{1}{2}|z_t(y,t)|^2\mathrm{d}x-\int_0^1\frac{1}{2}|z^1|^2\mathrm{d}x\\&\quad-\frac{1}{2}\int_0^t z_t^2(\alpha_k(s),s)\cdot k\mathrm{d}s.\end{aligned}$$

根据 α_k 和 $z(\alpha_k(s),s)=0$, 我们有

$$z_y(\alpha_k(s),s)\cdot k+z_s(\alpha_k(s),s)=0. \tag{4.45}$$

得到

$$I_1=\int_0^{\alpha_k(t)}\frac{1}{2}|z_t(y,t)|^2\mathrm{d}y-\int_0^1\frac{1}{2}|z^1|^2\mathrm{d}y-\frac{k^3}{2}\int_0^t z_y^2(\alpha_k(s),s)\mathrm{d}s. \tag{4.46}$$

再根据 $z(0,s)=z(\alpha_k(s),s)=0$ $(0,t)$, 得到

$$
\begin{aligned}
I_2 =& -\int_0^t \int_0^{\alpha_k(s)} z_{yy}(y,s) z_t(y,s) \mathrm{d}x \mathrm{d}s \\
=& -\int_0^t \int_0^{\alpha_k(s)} \left\{ \frac{\partial}{\partial y} [z_y(y,s) z_t(y,s)] \right. \\
& \left. - z_y(y,s) z_{yt}(y,s) \right\} \mathrm{d}y \mathrm{d}s \\
=& -\int_0^t z_y(\alpha_k(s),s) z_t(\alpha_k(s),s) \mathrm{d}s \\
& + \int_0^t \left[\frac{\partial}{\partial s} \int_0^{\alpha_k(s)} \frac{1}{2} |z_y(y,s)|^2 \mathrm{d}y \right. \\
& \left. - \frac{1}{2} z_y^2(\alpha_k(s),s) \cdot k \right] \mathrm{d}s \\
=& k \int_0^t z_y^2(\alpha_k(s),s) \mathrm{d}s + \int_0^{\alpha_k(t)} \frac{1}{2} |z_y(y,t)|^2 \mathrm{d}y \\
& - \int_0^1 \frac{1}{2} |z_y^0|^2 \mathrm{d}y - \frac{k}{2} \int_0^t z_y^2(\alpha_k(s),s) \mathrm{d}s \\
=& \int_0^{\alpha_k(t)} \frac{1}{2} |z_y(y,t)|^2 \mathrm{d}y - \int_0^1 \frac{1}{2} |z_y^0|^2 \mathrm{d}y \\
& + \frac{k}{2} \int_0^t z_y^2(\alpha_k(s),s) \mathrm{d}s.
\end{aligned} \tag{4.47}
$$

因此, 根据 (4.46),(4.47) 和 $E(t)$, 我们得到

$$
E(t) - E_0 = \frac{k(k^2-1)}{2} \int_0^t |z_y(\alpha_k(s),s)|^2 \mathrm{d}t.
$$

引理 4.6 对于任意的初值 $(z^0, z^1) \in H_0^1(0,1) \times L^2(0,1)$ 和 $t \in [0,T]$, 系统 (4.43) 有

$$
\begin{aligned}
& (1-k^2) \int_0^t |z_y(\alpha_k(s),s)|^2 \mathrm{d}s \\
=& 2tE(t) - 2\int_0^1 y z^1 z_y^0 \mathrm{d}y + 2\int_0^{\alpha_k(t)} y z_t(t) z_y(t) \mathrm{d}y.
\end{aligned} \tag{4.48}
$$

证明 在系统 (4.43) 第一个方程两端乘以 $2yz_y$ 并且在区域 $(0,\alpha_k(s)) \times (0,t)$, $0 < t \leqslant T$ 积分, 根据 (4.45), 我们有

$$
\begin{aligned}
0 &= \int_0^t \int_0^{\alpha_k(s)} (z_{tt} 2y z_y - z_{yy} 2y z_y) \, \mathrm{d}y \mathrm{d}s \\
&= \int_0^t \int_0^{\alpha_k(s)} \left[\frac{\partial}{\partial t}(2y z_y z_t) - \frac{\partial}{\partial y}(y z_t^2 + y z_y^2) + z_t^2 + z_y^2 \right] \mathrm{d}y \mathrm{d}s \\
&= \int_0^t \left[\frac{\partial}{\partial s} \int_0^{\alpha_k(s)} 2y z_y z_t \mathrm{d}y - 2\alpha_k(s) z_y(\alpha_k(s), s) z_t(\alpha_k(s), s) \cdot k \right] \mathrm{d}s \\
&\quad + \int_0^t [\alpha_k(s) z_t^2(\alpha_k(s), s) + \alpha_k(s) z_y^2(\alpha_k(s), s)] \mathrm{d}s + 2 \int_0^t E(s) \mathrm{d}s \\
&= \int_0^{\alpha_k(t)} 2y z_y(y,t) z_t(y,t) \mathrm{d}y - \int_0^1 2y z_y^0 z^1 \mathrm{d}y \\
&\quad - \int_0^t 2\alpha_k(s) z_y(\alpha_k(s), s) z_t(\alpha_k(s), s) \cdot k \mathrm{d}s \\
&\quad - \int_0^t [\alpha_k(s) z_t^2(\alpha_k(s), s) + \alpha_k(s) z_y^2(\alpha_k(s), s)] \mathrm{d}s + 2 \int_0^t E(s) \mathrm{d}s \\
&= \int_0^{\alpha_k(t)} 2y z_y(y,t) z_t(y,t) \mathrm{d}y - \int_0^1 2y z_y^0 z^1 \mathrm{d}y + 2 \int_0^t E(s) \mathrm{d}s \\
&\quad + (k^2 - 1) \int_0^t \alpha_k(s) z_y^2(\alpha_k(s), s) \mathrm{d}s.
\end{aligned}
$$

我们得到以下等式

$$
\begin{aligned}
&(1 - k^2) \int_0^t \alpha_k(s) z_y^2(\alpha_k(s), s) \mathrm{d}s \\
&= \int_0^{\alpha_k(t)} 2y z_y(y,t) z_t(y,t) \mathrm{d}y - \int_0^1 2y z_y^0 z^1 \mathrm{d}y + 2 \int_0^t E(s) \mathrm{d}s. \qquad (4.49)
\end{aligned}
$$

类似地，在系统 (4.43) 第一个方程两端乘以 $2tz_t$ 且在区域 $(0, \alpha_k(s)) \times (0,t), 0 < t \leqslant T$ 积分, 我们有

$$
\begin{aligned}
0 &= \int_0^t \int_0^{\alpha_k(s)} (z_{tt} 2t z_t - z_{yy} 2t z_t) \, \mathrm{d}y \mathrm{d}s \\
&= \int_0^t \int_0^{\alpha_k(s)} \left[\frac{\partial}{\partial y}(2t z_y z_t) - \frac{\partial}{\partial t}(t z_t^2 + t z_y^2) + z_t^2 + z_y^2 \right] \mathrm{d}y \mathrm{d}s.
\end{aligned}
$$

从上面的等式, 我们有

$$(1-k^2)\int_0^t ksz_y^2(\alpha_k(s),s)\mathrm{d}s = 2\int_0^t E(s)\mathrm{d}s - 2tE(t). \tag{4.50}$$

因此, 根据 (4.49) 和 (4.50), 我们得到 (4.48) .

引理 4.7 对于任意的初值 $(z^0,z^1)\in H_0^1(0,1)\times L^2(0,1)$ 和 $t\in[0,T]$, 系统 (4.43) 有

$$\frac{1-k}{(1+k)\alpha_k(t)}E_0 \leqslant E(t) \leqslant \frac{1+k}{(1-k)\alpha_k(t)}E_0. \tag{4.51}$$

证明 根据 (4.44) 和 (4.48), 我们易得到

$$\frac{2}{k}(E(t)-E_0) = 2tE(t) + \int_0^{\alpha_k(t)} 2yz_y(y,t)z_t(y,t)\mathrm{d}y - \int_0^1 2yz_y^0z^1\mathrm{d}y.$$

根据上面的等式, 有

$$E_0 - \int_0^1 kyz_y^0z^1\mathrm{d}y = \alpha_k(t)E(t) + \int_0^{\alpha_k(t)} kyz_y(y,t)z_t(y,t)\mathrm{d}y. \tag{4.52}$$

另一方面，对于任意 $t\in(0,T)$ 和 $k\in(0,1)$, 我们可以得到以下估计

$$\left|\int_0^{\alpha_k(t)} yz_y(y,t)z_t(y,t)\mathrm{d}y\right| \leqslant \alpha_k(t)E(t). \tag{4.53}$$

根据 (4.52) 和 (4.53), 我们得到

$$(1-k)E_0 \leqslant (1+k)\alpha_k(t)E(t),$$

$$(1+k)E_0 \geqslant (1-k)\alpha_k(t)E(t).$$

根据上面的不等式，我们得到引理 4.7.

注 4.4 根据引理 4.7 得到

$$\frac{1-k}{(1+k)\alpha_k(T)}E_0 \leqslant E(T) \leqslant \frac{1+k}{(1-k)\alpha_k(T)}E_0. \tag{4.54}$$

通过以上三个引理，我们可以得到系统 (4.43) 的能观不等式.

定理 4.6 设

$$T > T_*^3 = \frac{\mathrm{e}^{\frac{2k(1+k)}{(1-k)^3}} - 1}{k}.$$

对于任意的初值 $(z^0, z^1) \in H_0^1(0,1) \times L^2(0,1)$, 存在常数 $C > 0$ 使系统 (4.43) 满足

$$\begin{aligned} & C\left(|z^0|^2_{H_0^1(0,1)} + |z^1|^2_{L^2(0,1)}\right) \\ \leqslant & \int_0^T \alpha_k(t)|z_y(0,t)|^2 \mathrm{d}t \\ \leqslant & C\left(|z^0|^2_{H_0^1(0,1)} + |z^1|^2_{L^2(0,1)}\right). \end{aligned} \tag{4.55}$$

证明　第一步　在系统 (4.43) 第一个方程两端乘以 $[y-\alpha_k(t)]z_y$ 并且在区域 $(0,\alpha_k(t)) \times (0,T)$ 上积分, 得到

$$\begin{aligned} 0 = & \int_0^T \int_0^{\alpha_k(t)} \{z_{tt}[y-\alpha_k(t)]z_y - z_{yy}[y-\alpha_k(t)]z_y\} \mathrm{d}x\mathrm{d}t \\ \triangleq & J_1 + J_2. \end{aligned}$$

接下来我们分别计算 J_i $(i=1,2)$. 由 $z(0,t)=0, t \in (0,T)$, 我们得到

$$\begin{aligned} J_1 = & \int_0^T \int_0^{\alpha_k(t)} z_{tt}[y-\alpha_k(t)]z_y \mathrm{d}y\mathrm{d}t \\ = & \int_0^T \int_0^{\alpha_k(t)} \left\{\frac{\partial}{\partial t}[(x-\alpha_k(t))z_y z_t] - k z_y z_t \right. \\ & \left. -(y-\alpha_k(t))z_{yt}z_t\right\}\mathrm{d}y\mathrm{d}t \\ = & \int_0^{\alpha_k(t)} [(y-\alpha_k(t))z_y z_t]\mathrm{d}x\Big|_0^T - k\int_0^T \int_0^{\alpha_k(t)} z_y z_t \mathrm{d}y\mathrm{d}t \\ & - \int_0^T \int_0^{\alpha_k(t)} (y-\alpha_k(t))\frac{\partial}{\partial y}\left(\frac{1}{2}z_t^2\right)\mathrm{d}y\mathrm{d}t \\ = & \int_0^{\alpha_k(t)} [(y-\alpha_k(t))z_y z_t]\mathrm{d}y\Big|_0^T - k\int_0^T \int_0^{\alpha_k(t)} z_y z_t \mathrm{d}y\mathrm{d}t \\ & - \int_0^T (y-\alpha_k(t))\frac{1}{2}z_t^2\Big|_0^{\alpha_k(t)} \mathrm{d}t + \int_0^T \int_0^{\alpha_k(t)} \frac{1}{2}z_t^2 \mathrm{d}y\mathrm{d}t \\ = & \int_0^{\alpha_k(t)} [(y-\alpha_k(t))z_y z_t]\mathrm{d}x\Big|_0^T - k\int_0^T \int_0^{\alpha_k(t)} z_y z_t \mathrm{d}y\mathrm{d}t \\ & + \int_0^T \int_0^{\alpha_k(t)} \frac{1}{2}z_t^2 \mathrm{d}y\mathrm{d}t. \end{aligned} \tag{4.56}$$

另外

$$
\begin{aligned}
J_2 =& -\int_0^T \int_0^{\alpha_k(t)} z_{yy}[x-\alpha_k(t)]z_y \mathrm{d}y\mathrm{d}t \\
=& -\int_0^T \int_0^{\alpha_k(t)} \left\{(x-\alpha_k(t))\frac{\partial}{\partial y}\left(\frac{1}{2}z_y^2\right)\mathrm{d}y\mathrm{d}t\right\}\mathrm{d}x\mathrm{d}t \\
=& -\int_0^T (y-\alpha_k(t))\frac{1}{2}z_y^2\Big|_0^{\alpha_k(t)}\mathrm{d}t + \int_0^T \int_0^{\alpha_k(t)} \frac{1}{2}z_y^2 \mathrm{d}y\mathrm{d}t \\
=& -\int_0^T \alpha_k(t)\frac{1}{2}z_y^2(0,t)\mathrm{d}y + \int_0^T \int_0^{\alpha_k(t)} \frac{1}{2}z_y^2 \mathrm{d}y\mathrm{d}t.
\end{aligned} \tag{4.57}
$$

因此，根据 (4.56) 和 (4.57), 我们得到

$$
\begin{aligned}
&\frac{1}{2}\int_0^T \alpha_k(t)z_y^2(0,t)\mathrm{d}y \\
=&\int_0^T E(t)\mathrm{d}t - k\int_0^T \int_0^{\alpha_k(t)} z_y z_t \mathrm{d}y\mathrm{d}t \\
&+ \int_0^{\alpha_k(t)} [(y-\alpha_k(t))z_y z_t]\mathrm{d}y\Big|_0^T.
\end{aligned} \tag{4.58}
$$

接下来我们估计 (4.58) 的右端的每一项.

对于任意 $t \in [0,T]$, 有

$$
\begin{aligned}
&\left|\int_0^{\alpha_k(t)} [(y-\alpha_k(t))z_y z_t]\mathrm{d}y\right| \\
\leqslant &\int_0^{\alpha_k(t)} (\alpha_k(t)-y)\frac{1}{2}(z_y^2+z_t^2)\mathrm{d}y \\
\leqslant &\alpha_k(t)E(t).
\end{aligned}
$$

从上面等式我们得到

$$
\left|\int_0^{\alpha_k(t)} [(y-\alpha_k(t))z_y z_t]\mathrm{d}y\Big|_0^T\right| \leqslant \alpha_k(T)E(T)+E_0. \tag{4.59}
$$

又

$$
\left|k\int_0^T \int_0^{\alpha_k(t)} z_y z_t \mathrm{d}y\mathrm{d}t\right| \leqslant k\int_0^T E(t)\mathrm{d}t. \tag{4.60}
$$

第二步　我们证明不等式 (4.55) 的第一个不等式.

根据 (4.51), (4.54) 和 (4.58)—(4.60), 有

$$
\begin{aligned}
&\frac{1}{2}\int_0^T \alpha_k(t) z_y^2(0,t)\mathrm{d}y \\
\geqslant&(1-k)\int_0^T E(t)\mathrm{d}t - \alpha_k(T)E(T) - E_0 \\
\geqslant&(1-k)\int_0^T \frac{1-k}{(1+k)\alpha_k(t)}E_0\mathrm{d}t - \frac{1+k}{1-k}E_0 - E_0 \\
=&\left[\frac{(1-k)^2}{(1+k)k}\ln(1+kT) - \frac{1+k}{1-k} - 1\right]E_0.
\end{aligned}
$$

若 $T > T_*^3$, 有

$$
\frac{(1-k)^2}{(1+k)k}\ln(1+kT) - \frac{1+k}{1-k} - 1 > 0.
$$

另外,

$$
\begin{aligned}
&\int_0^T \alpha_k(t) z_y^2(0,t)\mathrm{d}y \\
\geqslant& C\left[\frac{(1-k)^2}{(1+k)k}\ln(1+kT) - \frac{1+k}{1-k} - 1\right](|z^0|^2_{H_0^1(0,1)} + |z^1|^2_{L^2(0,1)}).
\end{aligned}
$$

第三步　下面我们证明 (4.55) 的第二个不等式.

根据 (4.51), (4.54) 和 (4.58)—(4.60), 我们有

$$
\begin{aligned}
&\frac{1}{2}\int_0^T \alpha_k(t) z_y^2(0,t)\mathrm{d}y \\
\leqslant&(1+k)\int_0^T E(t)\mathrm{d}t + \alpha_k(T)E(T) + E_0 \\
\leqslant&(1+k)\int_0^T \frac{1+k}{(1-k)\alpha_k(t)}E_0\mathrm{d}t + \frac{1+k}{1-k}E_0 + E_0 \\
=&\left[\frac{(1+k)^2}{(1-k)k}\ln(1+kT) + \frac{1+k}{1-k} + 1\right]E_0
\end{aligned}
$$

$$\leqslant C\left[\frac{(1+k)^2}{(1-k)k}\ln(1+kT)+\frac{1+k}{1-k}\right.$$

$$\left.+1\right](|z^0|^2_{H_0^1(0,1)}+|z^1|^2_{L^2(0,1)}).$$

注 4.5 容易验证

$$T_1 \triangleq \lim_{k\to 0} T_*^3 = \lim_{k\to 0}\frac{\mathrm{e}^{\frac{2k(1+k)}{(1-k)^3}}-1}{k} = \lim_{k\to 0}\frac{\dfrac{2k(1+k)}{(1-k)^3}}{k} = 2.$$

第 5 章　内部精确能控性

在本章中, 我们考虑如下非柱状区域上常系数波动方程的内部精确能控性:

$$\begin{cases} u_{tt} - u_{yy} = \widehat{B}v_3, & (y,t) \in \widehat{Q}_T^k, \\ u(0,t) = 0,\ u(\alpha_k(t),t) = 0, & t \in (0,T), \\ u(y,0) = u^0(y),\ u_t(y,0) = u^1(y), & y \in (0,1), \end{cases} \tag{5.1}$$

我们设

$$\widehat{Q_1} = (m\alpha_k(t), n\alpha_k(t)) \times (0,T),$$

$$\widehat{Q_2} = (m'\alpha_k(t), n'\alpha_k(t)) \times (0,T), \quad 0 < m < m' < n' < n < 1.$$

其中 $v_3 \in [H^1(\widehat{Q_1})]'$ 为控制函数. $\widehat{B} \in C_0^\infty(\widehat{Q}_T^k)$, 且

$$\begin{cases} \widehat{B}(y,t) = 0, & (y,t) \in \widehat{Q}_T^k \setminus \widehat{Q_1}, \\ \widehat{B}(y,t) = 1, & (y,t) \in \widehat{Q_2}, \\ \widehat{B}(y,t) \in (0,1), & (y,t) \in \widehat{Q_1} \setminus \widehat{Q_2}. \end{cases}$$

在这一章里, 利用算子理论中的定理把能控性转化成对偶系统的能观不等式的证明, 我们得到了系统 (5.1) 的内部精确能控性.

5.1　问题的提出及主要结果

这一节, 我们先给出内部精确能控性的定义, 然后再给出得到的主要结果. 根据文献 [78] 有, 对于 $0 < k < 1$, 任意 $(u^0, u^1) \in L^2(0,1) \times H^{-1}(0,1)$ 与 $v_3 \in [H^1(\widehat{Q_1})]'$, 系统 (5.1) 都存在唯一的弱解

$$u \in C([0,T]; L^2(0,\alpha_k(t))) \bigcap C^1([0,T]; H^{-1}(0,\alpha_k(t))).$$

定义 5.1 称 (5.1) 在 T 时刻内部精确能控, 若对于任意的初值 $(u^0, u^1) \in L^2(0,1) \times H^{-1}(0,1)$ 和任意的目标函数 $(u_d^0, u_d^1) \in L^2(0, \alpha_k(T)) \times H^{-1}(0, \alpha_k(T))$, 都存在控制函数 $v_3 \in [H^1(\widehat{Q_1})]'$, 使得系统 (5.1) 的弱解 u 满足

$$u(T) = u_d^0, \quad u_t(T) = u_d^1.$$

引理 5.1[79] 设 A 是 Banach 空间 X 上的有界线性算子, 则 $R(A) = X \Leftrightarrow A'$ 的逆是连续的.

下面是我们得到的主要结果.

定理 5.1 设

$$k \in (0, \tilde{k}), \quad 0 < \tilde{k} < 1.$$

当 $T > T^*$, (5.1) 在 T 时刻达到内部精确能控.

注 5.1 $\tilde{k}, T^*$ 在证明中给出.

5.2 内部精确能控性

这一节我们主要研究系统 (5.1) 的内部精确能控性, 即证明定理 5.1. 我们将分四个小节来完成定理 5.1 的证明.

5.2.1 柱状区域上变系数波动方程的能控性

设

$$x = \frac{y}{\alpha_k(t)}, \quad w(x,t) = u(y,t) = u(\alpha_k(t)x, t).$$

当 $(y,t) \in \widehat{Q}_T^k$, 则 $(x,t) \in Q$. 记

$$Q_1 = (m,n) \times (0,T), \quad Q_2 = (m', n') \times (0,T).$$

从而系统 (5.1) 转化成下面柱状区域上变系数波动方程:

$$\begin{cases} w_{tt} - \left[\dfrac{\beta_k(x,t)}{\alpha_k(t)} w_x\right]_x + \dfrac{\gamma_k(x)}{\alpha_k(t)} w_{tx} = B\overline{v_3}(x,t), & (x,t) \in Q, \\ w(0,t) = 0, \ w(1,t) = 0, & t \in (0,T), \\ w(x,0) = w^0, \ w_t(x,0) = w^1, & x \in (0,1), \end{cases} \tag{5.2}$$

其中

$$\overline{v_3}(x,t) = v_3(\alpha_k(t)x,t) = v_3(y,t), \quad \beta_k(x,t) = \frac{1-k^2x^2}{\alpha_k(t)},$$
$$\gamma_k(x) = -2kx, \quad w^0 = u^0, \quad w^1 = u^1 + kxu_x^0, \tag{5.3}$$

$$\begin{cases} B(x,t) = 0, & (x,t) \in Q \setminus Q_1, \\ B(x,t) = 1, & (x,t) \in Q_2, \\ B(x,t) \in (0,1), & (x,t) \in Q_1 \setminus Q_2. \end{cases}$$

我们知道, 对于任意初值 $(u^0, u^1) \in L^2(0,1) \times H^{-1}(0,1)$ 和 $\overline{v_3} \in [H^1(Q_1)]'$, 系统 (5.2) 存在唯一的弱解

$$w \in C([0,T]; L^2(0,1)) \bigcap C^1([0,T]; H^{-1}(0,1)).$$

于是系统 (5.1) 的内部精确能控性结果 (定理 5.1) 转化成系统 (5.2) 的内部精确能控性结果. 若证明系统 (5.2) 的内部精确能控性, 我们先把系统 (5.2) 分解成两个系统, 即设 $w = \xi + \eta$, 其中 ξ 与 η 满足

$$\begin{cases} \xi_{tt} - \left[\dfrac{\beta_k(x,t)}{\alpha_k(t)}\xi_x\right]_x + \dfrac{\gamma_k(x)}{\alpha_k(t)}\xi_{tx} = 0, & (x,t) \in Q, \\ \xi(0,t) = 0,\ \xi(1,t) = 0, & t \in (0,T), \\ \xi(x,0) = w^0,\ \xi_t(x,0) = w^1, & x \in (0,1), \end{cases} \tag{5.4}$$

$$\begin{cases} \eta_{tt} - \left[\dfrac{\beta_k(x,t)}{\alpha_k(t)}\eta_x\right]_x + \dfrac{\gamma_k(x)}{\alpha_k(t)}\eta_{tx} = B\overline{v_3}(x,t), & (x,t) \in Q, \\ \eta(0,t) = \eta(1,t) = 0, & t \in (0,T), \\ \eta(x,0) = \eta_t(x,0) = 0, & x \in (0,1). \end{cases} \tag{5.5}$$

我们只需证明系统 (5.5) 的内部精确能控性. 即下面的定理.

定理 5.2　设

$$k \in (0, \tilde{k}).$$

当 $T > T^*$, 对于任意目标 $(w_d^0, w_d^1) \in L^2(0,1) \times H^{-1}(0,1)$, 则存在控制 $\overline{v_3} \in [H^1(Q_1)]'$, 使得系统 (5.5) 的弱解 η 满足

$$\eta(x,T) = w_d^0, \quad \eta_t(x,T) = w_d^1.$$

注 5.2 系统 (5.1) 的内部精确能控性结果 (定理 5.1) 转化成系统 (5.5) 的内部精确能控性结果 (定理 5.2).

设 $H = [H^1(Q_1)]'$ 表示控制函数空间, $F = L^2(0,1) \times H^{-1}(0,1)$ 表示目标函数空间, $F' = H_0^1(0,1) \times L^2(0,1)$. 我们建立如下的一个线性算子 A

$$A:\ H \to F, \tag{5.6}$$

$$Ag = (\alpha_k(T)\eta_t(x,T) - k\eta(x,T) + \gamma_k(x)\eta_x(x,T), \alpha_k(T)\eta(x,T))\ \forall g \in H.$$

由线性系统 (5.5) 解的能量估计有, A 为有界线性算子. 从而系统 (5.5) 的内部精确能控性等价于 A 为满射. 再由引理 5.1 知, A 为满射等价于 A' 有连续的逆算子. 又 $A':\ F' \to H'$, 从而只需证明, $T > T^*$ 时, 存在一个常数 $C > 0$, 使得

$$|A'(z^0,z^1)|_{H'} \geqslant C|(z^0,z^1)|_{F'}, \quad \forall (z^0,z^1) \in F' = H_0^1(0,1) \times L^2(0,1). \tag{5.7}$$

5.2.2 对偶系统的能观不等式

首先我们给出 A'. 我们设系统 (5.5) 的对偶系统为

$$\begin{cases} \alpha_k(t)z_{tt} - [\beta_k(x,t)z_x]_x + \gamma_k(x)z_{tx} = 0, & (x,t) \in Q, \\ z(0,t) = 0,\ z(1,t) = 0, & t \in (0,T), \\ z(x,0) = z^0,\ z_t(x,0) = z^1, & x \in (0,1), \end{cases} \tag{5.8}$$

其中 $(z^0,z^1) \in F' = H_0^1(0,1) \times L^2(0,1)$, 则系统 (5.8) 的弱解

$$z \in C([0,T]; H_0^1(0,1)) \bigcap C^1([0,T]; L^2(0,1)).$$

定义系统 (5.8) 加权的能量函数:

$$E(t) = \frac{1}{2}\int_0^1 \left[\alpha_k(t)|z_t(x,t)|^2 + \beta_k(x,t)|z_x(x,t)|^2\right] \mathrm{d}x, \quad t \geqslant 0.$$

$$E_0 \triangleq E(0) = \frac{1}{2}\int_0^1 \left[|z^1(x)|^2 + \beta_k(x,0)|z_x^0(x)|^2\right] \mathrm{d}x.$$

由引理 2.4 知

$$E(t) = \frac{1}{\alpha_k(t)} E_0, \quad t \in [0,T]. \tag{5.9}$$

在系统 (5.5) 的第一个方程两端乘 $\alpha_k(t)z$ 并且在 Q 积分得

$$\begin{aligned}
&\langle B\overline{v_3}, \alpha_k(t)z\rangle \\
=&\int_0^1 \{[\alpha_k(T)\eta_t(x,T) - k\eta(x,T) \\
&+\gamma_k(x)\eta_x(x,T)]\, z^0 + \alpha_k(T)\eta(x,T)z^1\right\} \mathrm{d}x \\
=&\langle(\alpha_k(T)\eta_t(x,T) - k\eta(x,T) \\
&+\gamma_k(x)\eta_x(x,T), \alpha_k(T)\eta(x,T)), (z^0,z^1)\rangle.
\end{aligned} \tag{5.10}$$

由 (5.6) 和 (5.10) 知

$$\left\langle A\overline{v_3}, (z^0,z^1)\right\rangle = \left\langle \overline{v_3}, A'(z^0,z^1)\right\rangle = \langle \overline{v_3}, B'(\alpha_k(t)z)\rangle.$$

又由已知有

$$B:\ [H^1(Q_1)]' \to [H^1(Q)]', \quad B':\ H^1(Q) \to H^1(Q_1).$$

因此有

$$A'(z^0,z^1) = B'(\alpha_k(t)z) = \alpha_k(t)z, \quad (x,t)\in Q_1,$$

$$\forall (z^0,z^1) \in F' = H_0^1(0,1)\times L^2(0,1).$$

由 (5.7) 知我们下面的任务只需证明下面不等式, 即对偶系统 (5.8) 的能观不等式. 当 $T > T^*$ 时, 存在一个常数 $C > 0$, 使得

$$|\alpha_k(t)z|_{H^1(Q_1)} \geqslant C|(z^0,z^1)|_{F'}, \quad \forall (z^0,z^1)\in F' = H_0^1(0,1)\times L^2(0,1). \tag{5.11}$$

5.2.3　选取的乘子

下面利用乘子的方法来证明能观不等式 (5.11), 本小节里, 根据对偶系统 (5.8), 给出将要选用的乘子.

设

$$F(x,k)=\frac{\beta_{k,x}(x,t)}{\beta_k(x,t)}=\frac{-2k^2x}{1-k^2x^2}\leqslant 0,\quad (x,k)\in[0,1]\times(0,1).$$

易验证

$$F_x(x,k)<0,\quad (x,k)\in[0,1]\times(0,1).$$

从而

$$F(1,k)=\frac{-2k^2}{1-k^2}\leqslant F(x,k),\quad (x,k)\in[0,1]\times(0,1).$$

又当 $0<k<1$ 时,

$$F_k(1,k)=\frac{-4k}{(1-k^2)^2}<0,$$

所以 $F(1,k)$ 是关于 k 单调递减的函数. 于是, 对于 $\forall\eta>0$, 当 $k\in(0,1-\eta]$ 时, 有

$$F_0\triangleq F(1,1-\eta)=\frac{-2(1-\eta)^2}{1-(1-\eta)^2}\leqslant F(1,k).$$

由上述可得

$$F_0\leqslant F(1,k)\leqslant F(x,k)\leqslant 0,\quad (x,k)\in[0,1]\times(0,1-\eta]. \tag{5.12}$$

下面我们选取乘子 $p(x)$ 满足以下引理.

引理 5.2 设 λ 为一个参数, $x_0\in(m,n)$, $p(x)$ 满足一阶线性微分方程

$$p'(x)=\begin{cases}\lambda-1, & x\in(0,m),\\ \lambda, & x\in(m,x_0),\\ \lambda+F_0p(x), & x\in(x_0,n),\\ \lambda-1+F_0p(x), & x\in(n,1),\end{cases} \tag{5.13}$$

则存在唯一的 $\lambda\in(0,1)$ 和 $x_0\in(m,n)$, 使得 $p(x)\in C[0,1]$ 且满足

$$p(0)=p(1)=p(x_0)=0. \tag{5.14}$$

证明 我们利用构造法来证明引理 5.2.

由 (5.14), 利用常数变易法解方程 (5.13) 得

$$\begin{cases} p(x)=(\lambda-1)x\leqslant 0, & x\in(0,m),\\ p(x)=(x-x_0)\lambda\leqslant 0, & x\in(m,x_0),\\ p(x)=\dfrac{\lambda}{F_0}[\mathrm{e}^{F_0(x-x_0)}-1]\geqslant 0, & x\in(x_0,n),\\ p(x)=\dfrac{(\lambda-1)}{F_0}[\mathrm{e}^{F_0(x-1)}-1]\geqslant 0, & x\in(n,1). \end{cases} \tag{5.15}$$

又 $p(x)\in C[0,1]$ 有

$$p(m-0)=p(m+0),\quad p(n-0)=p(n+0).$$

从而有

$$\lambda\triangleq\lambda_-=\frac{m}{x_0},\quad x_0\in(m,n), \tag{5.16}$$

$$\lambda\triangleq\lambda_+=\frac{\mathrm{e}^{F_0(n-1)}-1}{\mathrm{e}^{F_0(n-1)}-\mathrm{e}^{F_0(n-x_0)}},\quad x_0\in(m,n). \tag{5.17}$$

由 (5.16), (5.17) 知 λ_-,λ_+ 关于 x_0 分别为单调递减和单调递增的函数, 而且有

$$\lambda_-,\lambda_+\in(0,1);\quad \lambda_-(m)>\lambda_+(m);\quad \lambda_-(n)<\lambda_+(n).$$

从而存在唯一的点 $x_0\in(m,n)$ 使得

$$\lambda=\lambda_-=\lambda_+\in(0,1).$$

□

注 5.3　由引理 5.2 知

$$M\triangleq\max_{0\leqslant x\leqslant 1}|p(x)|=\max\{|p(m)|,p(n)\}.$$

事实上, 易验证 $p(x)$ 在 $(0,m)$ 与 $(n,1)$ 为单调递减函数, 在 (m,n) 为单调递增函数.

5.2.4 能观不等式的证明

这一小节, 我们主要来证明能观不等式 (5.11).

用 pz_x 乘 (5.8) 第一个方程并且在区域 Q 积分得

$$\begin{aligned}0=&\int_0^T\int_0^1\alpha_k(t)z_{tt}(x,t)p(x)z_x(x,t)\mathrm{d}x\mathrm{d}t\\&-\int_0^T\int_0^1\left[\beta_k(x,t)z_x(x,t)\right]_x p(x)z_x(x,t)\mathrm{d}x\mathrm{d}t\\&+\int_0^T\int_0^1\gamma_k(x)z_{tx}(x,t)p(x)z_x(x,t)\mathrm{d}x\mathrm{d}t\\\triangleq&D_1+D_2+D_3.\end{aligned}$$

下面我们分别计算 $D_i(i=1,2,3)$ 得

$$\begin{aligned}D_1=&\int_0^1\alpha_k(t)p(x)z_t(x,t)z_x(x,t)\mathrm{d}x\Big|_0^T\\&-\int_0^T\int_0^1\left[\alpha_{k,t}(t)p(x)z_t(x,t)z_x(x,t)\right.\\&\left.+\alpha_k(t)p(x)z_t(x,t)z_{tx}(x,t)\right]\mathrm{d}x\mathrm{d}t\\=&\int_0^1\alpha_k(t)p(x)z_t(x,t)z_x(x,t)\mathrm{d}x\Big|_0^T\\&-\int_0^T\int_0^1\alpha_{k,t}(t)p(x)z_t(x,t)z_x(x,t)\mathrm{d}x\mathrm{d}t\\&+\frac{1}{2}\int_0^T\int_0^1\alpha_k(t)p_x(x)|z_t(x,t)|^2\mathrm{d}x\mathrm{d}t,\end{aligned}\tag{5.18}$$

$$\begin{aligned}D_2=&-\int_0^T\beta_k(x,t)p(x)|z_x(x,t)|^2\mathrm{d}t\Big|_0^1\\&+\int_0^T\int_0^1\left[\beta_k(x,t)p_x(x)|z_x(x,t)|^2\right.\\&\left.+\beta_k(x,t)p(x)z_x(x,t)z_{xx}(x,t)\right]\mathrm{d}x\mathrm{d}t\\=&-\int_0^T\beta_k(x,t)p(x)|z_x(x,t)|^2\mathrm{d}t\Big|_0^1\\&+\int_0^T\int_0^1\beta_k(x,t)p_x(x)|z_x(x,t)|^2\mathrm{d}x\mathrm{d}t\end{aligned}$$

$$
\begin{aligned}
&+\frac{1}{2}\int_0^T \beta_k(x,t)p(x)|z_x(x,t)|^2\mathrm{d}t\Big|_0^1\\
&-\frac{1}{2}\int_0^T\int_0^1[\beta_k(x,t)p(x)]_x|z_x(x,t)|^2\mathrm{d}x\mathrm{d}t\\
=&\frac{1}{2}\int_0^T\int_0^1\big[\beta_k(x,t)p_x(x)|z_x(x,t)|^2\\
&-\beta_{k,x}(x,t)p(x)|z_x(x,t)|^2\big]\mathrm{d}x\mathrm{d}t\\
=&\frac{1}{2}\int_0^T\int_0^1\left[\frac{p(x)}{\beta_k(x,t)}\right]_x[\beta_k(x,t)]^2|z_x(x,t)|^2\mathrm{d}x\mathrm{d}t
\end{aligned}
\tag{5.19}
$$

和

$$
D_3=\frac{1}{2}\int_0^1\gamma_k(x)p(x)|z_x(x,t)|^2\mathrm{d}x\Big|_0^T. \tag{5.20}
$$

记

$$
i(t)\triangleq\int_0^1\left[\alpha_k(t)p(x)z_t(x,t)z_x(x,t)+\frac{1}{2}\gamma_k(x)p(x)|z_x(x,t)|^2\right]\mathrm{d}x. \tag{5.21}
$$

根据 (5.18)—(5.21), 我们得到

$$
\begin{aligned}
&\frac{1}{2}\int_0^T\int_0^1\left[\alpha_k(t)p_x(x)|z_t(x,t)|^2+\left[\frac{p(x)}{\beta_k(x,t)}\right]_x[\beta_k(x,t)]^2|z_x(x,t)|^2\right]\mathrm{d}x\mathrm{d}t\\
=&\int_0^T\int_0^1\alpha_{k,t}(t)p(x)z_t(x,t)z_x(x,t)\mathrm{d}x\mathrm{d}t+i(0)-i(T).
\end{aligned}
\tag{5.22}
$$

由引理 5.2 知,

$p(x)$ 在 $(0,m)$ 上, $p_x(x)=\lambda-1$ 且 $p(x)\leqslant 0$. 于是,

$$
\alpha_k(t)p_x(x)=(\lambda-1)\alpha_k(t); \tag{5.23}
$$

$$
F(x,k)p(x)=\frac{\beta_{k,x}(x,t)}{\beta_k(x,t)}p(x)\geqslant 0,
$$

由上式知

$$
p_x(x)\leqslant\frac{\beta_{k,x}(x,t)}{\beta_k(x,t)}p(x)+\lambda-1.
$$

从而有

$$
p_x(x)\beta_k(x,t)-\beta_{k,x}(x,t)p(x)\leqslant(\lambda-1)\beta_k(x,t). \tag{5.24}
$$

$p(x)$ 在 (m,x_0) 上, 类似可得

$$\alpha_k(t)p_x(x)=\lambda\alpha_k(t), \tag{5.25}$$

$$p_x(x)\beta_k(x,t)-\beta_{k,x}(x,t)p(x)\leqslant\lambda\beta_k(x,t). \tag{5.26}$$

$p(x)$ 在 (x_0,n) 上, $p_x(x)=\lambda+F_0p(x)$ 且 $p(x)\geqslant 0$.

又根据 (5.12) 得, 对于 $\forall\eta>0$, 当 $k\in(0,1-\eta]$ 时,

$$\alpha_k(t)p_x(x)\leqslant\lambda\alpha_k(t), \tag{5.27}$$

$$p_x(x)=\lambda+F_0p(x)\leqslant\lambda+\frac{\beta_{k,x}(x,t)}{\beta_k(x,t)}p(x),$$

由上式得

$$p_x(x)\beta_k(x,t)-\beta_{k,x}(x,t)p(x)\leqslant\lambda\beta_k(x,t). \tag{5.28}$$

$p(x)$ 在 $(n,1)$ 上, $p_x(x)=\lambda-1+F_0p(x)$ 且 $p(x)\geqslant 0$.

类似可得, 对于 $\forall\eta>0$, 当 $k\in(0,1-\eta]$ 时,

$$\alpha_k(t)p_x(x)\leqslant(\lambda-1)\alpha_k(t), \tag{5.29}$$

$$p_x(x)\beta_k(x,t)-\beta_{k,x}(x,t)p(x)\leqslant(\lambda-1)\beta_k(x,t). \tag{5.30}$$

将 (5.23)—(5.30) 代入 (5.22) 得到, 对于 $\forall\eta>0$, 当 $k\in(0,1-\eta]$ 时,

$$\begin{aligned}&\frac{\lambda}{2}\int_0^T\int_m^n[\alpha_k(t)|z_t(x,t)|^2+\beta_k(x,t)|z_x(x,t)|^2]\mathrm{d}x\mathrm{d}t\\&+\frac{\lambda-1}{2}\int_0^T\int_{(0,1)\backslash(m,n)}[\alpha_k(t)|z_t(x,t)|^2\\&+\beta_k(x,t)|z_x(x,t)|^2]\mathrm{d}x\mathrm{d}t\\\geqslant&\int_0^T\int_0^1\alpha_{k,t}(t)p(x)z_t(x,t)z_x(x,t)\mathrm{d}x\mathrm{d}t+i(0)-i(T).\end{aligned}$$

在上式两端同时加上

$$\frac{\lambda-1}{2}\int_0^T\int_m^n[\alpha_k(t)|z_t(x,t)|^2+\beta_k(x,t)|z_x(x,t)|^2]\mathrm{d}x\mathrm{d}t$$

得到, 对于 $\forall\eta>0$, 当 $k\in(0,1-\eta]$ 时,

$$
\begin{aligned}
&\frac{1}{2}\int_0^T\int_m^n[\alpha_k(t)|z_t(x,t)|^2+\beta_k(x,t)|z_x(x,t)|^2]\mathrm{d}x\mathrm{d}t\\
\geqslant&\frac{1-\lambda}{2}\int_0^T\int_0^1[\alpha_k(t)|z_t(x,t)|^2\\
&+\beta_k(x,t)|z_x(x,t)|^2]\mathrm{d}x\mathrm{d}t\\
&+\int_0^T\int_0^1 kp(x)z_t(x,t)z_x(x,t)\mathrm{d}x\mathrm{d}t\\
&+i(0)-i(T).
\end{aligned}
\tag{5.31}
$$

与 (4.40) 类似得 $\forall t\in[0,T]$, 有

$$
\left|\int_0^1\left[\alpha_k(t)xz_t(x,t)z_x(x,t)-kx^2|z_x(x,t)|^2\right]\mathrm{d}x\bigg|_0^T\right|\leqslant\frac{2M}{1-k}E_0.
\tag{5.32}
$$

对于 $\varepsilon\in(0,1-\lambda)$ 有

$$
\begin{aligned}
&\left|\int_0^T\int_0^1 kp(x)z_t(x,t)z_x(x,t)\mathrm{d}x\mathrm{d}t\right|\\
=&\left|\int_0^T\int_0^1\sqrt{1+kt}z_t(x,t)\frac{\sqrt{1-k^2x^2}}{\sqrt{1+kt}}z_x(x,t)\frac{kp(x)}{\sqrt{1-k^2x^2}}\mathrm{d}x\mathrm{d}t\right|\\
\leqslant&\frac{\varepsilon}{2}\int_0^T\int_0^1\alpha_k(t)|z_t(x,t)|^2\mathrm{d}x\mathrm{d}t\\
&+\frac{1}{2\varepsilon}\int_0^T\int_0^1\beta_k(x,t)|z_x(x,t)|^2\frac{k^2p^2(x)}{1-k^2x^2}\mathrm{d}x\mathrm{d}t.
\end{aligned}
\tag{5.33}
$$

令

$$
G(x)=\frac{k^2p^2(x)}{1-k^2x^2},\quad x\in[0,1].
$$

根据函数 $\dfrac{k^2}{1-k^2x^2}$, $x\in[0,1]$ 单调增加和 $p(x)$ 的单调性可知, $G(x)$ 的单调增区间为 $(0,m)$ 和 (x_0,n); 单调减区间为 (m,x_0) 和 $(n,1)$. 于是,

$$
M_1=\max_{x\in[0,1]}G(x)=\max\{G(m),G(n)\}=\max\left\{\frac{k^2p^2(m)}{1-k^2m^2},\frac{k^2p^2(n)}{1-k^2n^2}\right\}.
$$

再根据 (5.33) 得到, 对于 $\varepsilon \in (0, 1-\lambda)$ 有

$$\begin{aligned}&\left|\int_0^T\int_0^1 kp(x)z_t(x,t)z_x(x,t)\mathrm{d}x\mathrm{d}t\right|\\ \leqslant&\frac{\varepsilon}{2}\int_0^T\int_0^1 \alpha_k(t)|z_t(x,t)|^2\mathrm{d}x\mathrm{d}t\\&+\frac{M_1}{2\varepsilon}\int_0^T\int_0^1 \beta_k(x,t)|z_x(x,t)|^2\mathrm{d}x\mathrm{d}t.\end{aligned}\tag{5.34}$$

选取 $\varepsilon_0 = \sqrt{M_1} < 1-\lambda$, 并且满足

$$\varepsilon_0 = \frac{M_1}{\varepsilon_0} = \sqrt{M_1} < 1-\lambda,$$

即

$$\max\left\{\frac{k^2p^2(m)}{1-k^2m^2}, \frac{k^2p^2(n)}{1-k^2n^2}\right\} < (1-\lambda)^2.$$

从上式解出

$$k \in \left(0, \min\left\{\frac{1-\lambda}{\sqrt{p^2(m)+(1-\lambda)^2m^2}}, \frac{1-\lambda}{\sqrt{p^2(n)+(1-\lambda)^2n^2}}\right\}\right).$$

于是当

$$k \in \left(0, \min\left\{\frac{1-\lambda}{\sqrt{p^2(m)+(1-\lambda)^2m^2}}, \frac{1-\lambda}{\sqrt{p^2(n)+(1-\lambda)^2n^2}}\right\}\right)$$

时,

$$\left|\int_0^T\int_0^1 kp(x)z_t(x,t)z_x(x,t)\mathrm{d}x\mathrm{d}t\right| \leqslant \sqrt{M_1}\int_0^T E(t)\mathrm{d}t.\tag{5.35}$$

记

$$\tilde{k} = \min\left\{\frac{1-\lambda}{\sqrt{p^2(m)+(1-\lambda)^2m^2}}, \frac{1-\lambda}{\sqrt{p^2(n)+(1-\lambda)^2n^2}}, 1-\eta\right\}.\tag{5.36}$$

由 (5.9), (5.31), (5.32) 和 (5.35) 有, 当 $0 < k < \tilde{k}$,

$$\begin{aligned}&\frac{1}{2}\int_0^T\int_m^n [\alpha_k(t)|z_t(x,t)|^2 + \beta_k(x,t)|z_x(x,t)|^2]\\ \geqslant&(1-\lambda-\sqrt{M_1})\int_0^T E(t)\mathrm{d}t - \frac{2M}{1-k}E_0\\ =&\left[\frac{1-\lambda-\sqrt{M_1}}{k}\ln(1+kT) - \frac{2M}{1-k}\right]E_0,\end{aligned}\tag{5.37}$$

设

$$T^{*}=\frac{\mathrm{e}^{\frac{2kM}{(1-\lambda-\sqrt{M_1})(1-k)}}-1}{k}. \tag{5.38}$$

当 $T>T^{*}$ 时,

$$\frac{1-\lambda-\sqrt{M_1}}{k}\ln(1+kT)-\frac{2M}{1-k}>0.$$

因此, 存在常数 $C>0$,

$$\begin{aligned}&\frac{1}{2}\int_0^T\int_m^n[\alpha_k(t)|z_t(x,t)|^2+\beta_k(x,t)|z_x(x,t)|^2]\\ \geqslant&\left[\frac{1-\lambda-\sqrt{M_1}}{k}\ln(1+kT)-\frac{2M}{1-k}\right]E_0\\ \geqslant&C\left[\frac{1-\lambda-\sqrt{M_1}}{k}\ln(1+kT)-\frac{2M}{1-k}\right](|z^0|^2_{H_0^1(0,1)}+|z^1|^2_{L^2(0,1)}).\end{aligned} \tag{5.39}$$

综上所述, 由 (5.39), 我们得到了能观不等式 (5.11).

注 5.4　易验证

$$T^2\triangleq\lim_{k\to 0}T^{*}=\lim_{k\to 0}\frac{\mathrm{e}^{\frac{2kM}{(1-\lambda-\sqrt{M_1})(1-k)}}-1}{k}=\lim_{k\to 0}\frac{2M}{1-\lambda}=2\max\{m,1-n\}.$$

事实上, 由注 4.3 知

$$M=\max\{|p(m)|,p(n)\}=\max\left\{(1-\lambda)m,\frac{(\lambda-1)}{F_0}[\mathrm{e}^{F_0(n-1)}-1]\right\}.$$

又对于 $\forall\eta>0$, 当 $k\in(0,1-\eta]$ 时, 有

$$F_0\triangleq F(1,1-\eta)=\frac{-2(1-\eta)^2}{1-(1-\eta)^2}.$$

从而当 $k\to 0$ 时,

$$\eta\to 1.$$

于是,

$$\begin{aligned}&F_0\to 0,\\ &\lim_{k\to 0}\frac{(\lambda-1)}{F_0}[\mathrm{e}^{F_0(n-1)}-1]\\ =&\lim_{F_0\to 0}\frac{(\lambda-1)}{F_0}[\mathrm{e}^{F_0(n-1)}-1]\\ =&\lim_{F_0\to 0}\frac{(\lambda-1)F_0(n-1)}{F_0}\\ =&(1-\lambda)(1-n).\end{aligned}$$

从而

$$\lim_{k\to 0} M = (1-\lambda)\max\{m, 1-n\}.$$

于是

$$\lim_{k\to 0} T^* = \lim_{k\to 0}\frac{2M}{1-\lambda} = 2\max\{m, 1-n\}.$$

我们知道在文献 [45] 中, 当 $T > T^2$ 时, 柱状区域上常系数波动方程能达到内部精确能控, 但是我们不能证明 T^* 是最小能控性时间.

参 考 文 献

[1] Russell D L. Controllability and stabilizability theory for linear partial differential equations: recent progress and open questions[J]. SIAM Review, 1978, 20: 639–739.

[2] Lions J L. Exact controllability,stabilization and perturbation for distributed systems[J]. SIAM Review, 1988, 30: 1–68.

[3] Lions J L. Contrôlabilité Exacte, Perturbations et Systémes Distribués, Tome 1[M]. Masson, Paris: RMA No: 8, 1988.

[4] Barbu V, Rascanu A, Tessitore G. Carleman estimates and controllability of linear stochastic heat equations [J]. Appl Math Optim, 2003, 47 (2): 97–120.

[5] Fabre C, Puel J P, Zuazua E. Approximate controllability of the semilinear heat equation[J]. Proceeding of the Royal Society of Edinburgh, 1995, 125 (A): 31–61.

[6] Khapalov A. Approximate controllability and its well-posedness for the semilinear reaction-diffusion equation with internal lumped controls[J]. Esaim Control Optim Calc Var, 1999, 4: 83–98.

[7] Khapalov A. A class of globally controllable semilinear heat equations with superlinear terms[J]. J Math Anal Appl, 2000, 242: 271–283.

[8] Wang G S. The existence of time optimal control of a semilinear parabolic equations[J]. Systems Control Lett, 2004, 53: 171–175.

[9] Phung K D, Wang G S. Quantitative uniqueness for time-periodic heat equation with potential and its applications[J]. Differential Integral Equations, 2006, 19(6): 627–668.

[10] Phung K D, Wang G S. Quantitative unique continuation for the semilinear heat equation in a convex domain[J]. J Funct Anal, 2010, 259(5): 1230–1247.

[11] Gao H, Lei P D, Zhang B. A class of nonlinear degenerate integro-differential control systems[J]. SIAM J Control Optim, 2004, 43 (3): 986–1010.

[12] Liu X, Gao H. Controllability of a class of Newtonian filtration equations with control and state constraints[J]. SIAM J Control Optim, 2007, 46 (6): 2256–2279.

[13] Liu X. Null controllability of a class of Newtonian filtration equations[J]. J Math Anal Appl, 2008, 342 (2): 1096–1106.

[14] Lei P D, Li Y B, Lin P. Null controllability for a semilinear parabolic equation with

gradient quadratic growth[J]. Nonlinear Anal, 2008, 68 (1): 73–82.

[15] Lin P, Gao H, Liu X. Some results on controllability of a nonlinear degenerate parabolic system by bilinear control[J]. J Math Anal Appl, 2007, 326: 1149–1160.

[16] Lei P D, Liu X, Gao H. L^p and L^∞ norm estimates of the cost of the controllability for heat equations[J]. Acta Math Sin (Engl Ser), 2009, 25 (8): 1305–1324.

[17] Liu X, Gao H, Lin P. Null controllability of a cascade system of degenerate parabolic equations[J]. (Chinese) Acta Math Sci Ser A Chin Ed, 2008, 28 (6): 985–996.

[18] Zhang X. A remark on null exact controllability of the heat equation[J]. SIAM J Control and Optim., 2001, 40: 39–53.

[19] Lei P D, Gao H. Null controllability of semilinear parabolic equations via the bilinear control[J]. Appl Math Lett, 2010, 23 (1): 53–57.

[20] López A, Zhang X, Zuazua E. Null controllability of the heat equation as singular limit of the exact controllability of dissipative wave equations[J]. J Math Pures Appl, 2000, 79: 741–808.

[21] Larez H, Leiva H, Rebaza J. Interior controllability of a strongly damped wave equation[J]. Revista Notas de Matemática, 2009, 5: 49–63.

[22] Leiva H. A lemma on C_0-semigroups and applications PDEs systems[J]. Quaestiones Mathematicae, 2003, 26: 247–265.

[23] Liu X, Zhang X. On the local controllability of a class of multidimensional quasilinear parabolic equations[J]. C R Math Acad Sci Paris, 2009, 347: 1379–1384.

[24] Barbu V, Iannelli M. Controllability of the heat equation with memory[J]. Differential and Integral Equations, 2000, 13: 1393–1412.

[25] Fu X, Yong J, Zhang X. Controllability and observability of a heat equation with hyperbolic memory kernel[J]. J Differential Equations, 2009, 247: 2395–2439.

[26] Volterra V. Theory of Functionals[M]. Blackie and Son Ltd, 1930.

[27] Tao Q, Gao H. Controllability for parabolic equations with nonlinear memory[J]. Computers and Mathematics with Applications, 2011, 61: 538–545.

[28] Tao Q, Gao H, Zhang B. Approximate controllability of a parabolic equation with memory[J]. Nonlinear Anal Hybrid Systems, 2012, 6: 839–845.

[29] Fu X, Yong J, Zhang X. Controllability and observability of a heat equation with hyperbolic memory kernel[J]. J Differential Equations, 2009, 247: 2395–2439.

[30] Yong J M, Zhang X. Exact controllability of the heat equation with hyperbolic memory kernel, in: Control Theory of Partial Differential Equations[J]. Chapman and Hall/CRC, Boca Raton, 2005: 387–401.

[31] Lavanya R, Balachandran K. Null controllability of nonlinear heat equations with memory effects[J]. Nonlinear Anal: Hybrid Systems, 2009, 3: 163–175.

[32] Li S J. Time dependent elastic system[J]. Acta Mathematica Scientia, 1995, 15: 39–59.

[33] Sakthivel K, Balachandran K. Nagaraj B R. On a class of non-linear parabolic control systems with memory effects[J]. Internat J Control, 2008, 81: 764–777.

[34] Sakthivel K, Balachandran K, Sritharan S S. Exact controllability of nonlinear diffusion equations arising in reactor dynamics[J]. Nonlinear Anal Real World Appl, 2008, 9: 2029–2054.

[35] Littman W. Boundary control theory for hyperbolic and parabolic partial differential equations with constant coefficients[J]. Ann Scuola Norm Sup Pisa Cl Sci, 1978, 3: 567–580.

[36] Kalman R E. Mathematical description of linear dynamical systems[J]. SIAM J Control Optim, 1963, 1: 152–192.

[37] Dolecki S, Russell D L. A general theory of observation and control[J]. SIAM J Control Optim, 1977, 15: 185–220.

[38] Bardos C, Lebeau G, Rauch J. Sharp sufficient conditions for the observation, control and stabilization of waves from the boundary[J]. SIAM J Control Optim, 1992, 30: 1024–1065.

[39] Wyler A. Stability of wave equations with dissipative boundary conditions in a bounded domain[J]. Differential Integral Equations, 1994, 2: 345–366.

[40] Komornik V. Exact Controllability and Stabilization (the Multiplier Method)[M]. Masson, Paris: John Wiley & Sons, 1995.

[41] Zuazua E. Some problems and results on the controllability of partial differential equation[J]. Progress in Mathematics, 1998, 169: 276–311.

[42] Zuazua E. Exact controllability for the semilinear wave equation[J]. J Math Pures et Appl, 1990, 59: 1–31.

[43] Zuazua E. An Introduction to the Exact Controllability for Distributed Systems[M].

Textos e Notas 44, CMAF, Universidades de Lisboa, 1990.

[44] Zuazua E. Exact boundary controllability for the semilinear wave equation[J] Brezis H, Nonlinear Partial Differential Equations their Applications, 1991: 357–391.

[45] Zuazua E. Exact controliability for the semilinear wave equation in one space dimension[J]. Ann Inst Henri Poincars Anal non-linear, 1993, 10: 109–129.

[46] Zhang X. Exact Controllability of the Semilinear Distributed Parameter System and some Related Problems[M]. Shang Hai: Fudan University, 1998.

[47] 张旭. 半线性分布参数系统的精确能控性 [M]. 北京: 高等教育出版社, 2004.

[48] Rivera J E M. Exact controllability: coefficient depending on the time[J]. SIAM J Control Optim, 1990, 28: 498–501.

[49] Conrad F, Leblond J, Marmorat J P. "Boundary control and stabilization of the one-dimensional wave equation". Boundary control and boundary variation[J]. Lecture Notes in Control and Inform Sci, Springer, Berlin, 1992, 178: 142–162.

[50] Lasiecka I, Triggiani R. Carleman estimates and exact boundary controllbility for a system of coupled, non-conservative second order hyperbolic equations[J]//Partial Differetial Equations Methods in Control and Shape Analysis, Lecture Notes in Pure and Applied Mathematics 188. New York: Marcel Dekker, 1994: 215–243.

[51] Apolaya R F. Exact controllability for temporally wave equation[J]. Portugaliae Mathematica, 1994, 51: 475–488.

[52] Miranda M M. HUM and the wave equation with variable coefficients[J]. Asymptomic Analysis, 1995, 11: 317–341.

[53] Tataru D. Boundary controllability for conservative PDEs[J]. Appl Math Optim, 1995, 31: 25–295.

[54] Imanuvilov O Y. Controllability of evolution equations[J]. Mat Sb, 1995, 186: 102–132.

[55] Tataru D. Boundary observability and controllability for evolutions governed by higher order PDE[J]. J Math Anal Appl, 1995, 193: 632–658.

[56] Fursikov A V, Imanuvilov O Yu. Controllability of evolution equations[M]. Korea: Seoul National University, 1996.

[57] Yao P F. On the observability inequalities for exact controllability of wave equations with variable coefficients[J]. SIAM J Control Optim, 1999, 37: 1568–1599.

[58] Lasiecka I, Triggiania R, Yao P F. Inverse/Observability estimates for second-Order hyperbolic equations with variable coefficients[J]. J Math Anal Appl, 1999, 235: 13–57.

[59] Cavalcanti M M. Exact controllability of the wave equation with mixed boundary condition and time coefficients[J]. Archivum Mathematicum (BRNO), 1999, 35: 29–57.

[60] Triggiani R, Yao P F. Carleman estimates with no lower-order terms for general Riemann wave equations. Global uniqueness and observability in one shot[J]. Applied Mathematics & Optimization, 2002, 36: 331–375.

[61] Zhang X. Explicit observabiiity inequalities for the wave equation with lower terms by means of Carleman inequalities[J]. SIAM J Control Optim, 2000, 39: 812–834.

[62] Zhang X. Explicit observability estimate for the wave equation with potential and its application[J]. Proceedings of the Royal Society of Londaon A, 2000, 456: 1101–1115.

[63] Zhang X. Explicit observability inequalities for the wave equations with lower order terms by means of Carleman inequalties[J]. SIAM J Control Optim, 2001, 39: 812–834.

[64] Guesmia A. Exact observability for the wave equation with variable coefficients[J]. Iarael Journal of Mathematics, 2001, 125: 83–92.

[65] Fu X, Yong J, Zhang X. Exact controllability for multidimensional semilinear hyperbolic equations[J]. SIAM J Control Optim, 2007, 46: 1578–1614.

[66] Potapov M M. Approximate solution of dirichlet control problems and observation problems dual to them for the wave equation in Sobolev spaces[J]. Zh Vychisl Mat Mat Fiz, 2006, 46: 2191–2208.

[67] Potapov M M. Observability of irregular solutions of the neumann problem for the wave equation with variable coefficients[J]. Dokl Akad Nauk, 2007, 412: 747–752.

[68] Potapov M M. Observability of irregular solutions of the third boundary value problem for the wave equation with variable coefficients[J]. Dokl. Akad. Nauk, 2007, 414: 738–742.

[69] Potapov M M. Estimates for normal solutions in problems with irregular zone controls for the wave equation[J]. Differ Uravn, 2009, 45: 1473–1479.

[70] Potapov M M. Estimates for normal solutions of problems with zone controls in L_2 for the wave equation[J]. Differ Uravn, 2010, 46: 931–941.

[71] Bardos C, Chen G. Control and stabilization for the wave equation, part III: domain with moving boundary[J]. SIAM J Control Optim, 1981, 19: 123–138.

[72] Miranda M M. Exact controllability for the wave equation in domains with variable boundary[J]. Revista Matemática de la Universidad Complutense de Madrid, 1996, 9: 435–457.

[73] Araruna F D, Antunes G O, Medeiros L A. Exact controllability for the semilinear string equation in the non-cylindrical domains[J]. Control and Cybernetics, 2004, 33: 237–257.

[74] Ho L F. Exact controllability of the one-dimensional wave equation with locally distributed control[J]. SIAM J Control Optim, 1990, 28: 733–748.

[75] 伍卓群, 尹景学, 王春朋. 椭圆与抛物型方程引论 [M]. 北京: 科学出版社, 2003: 46–47.

[76] Quinn J P, Russell D L. Asymptotic stability and energy decay rates for solutions of hyperbolic equations with boundary damping[J]. Proc Soc Edinburgh Sect A, 1977, 77: 97–127.

[77] Evans L C. Partial Differetial Equations[M]. American Mathematical Society, 1998: 624–625.

[78] Lasiecka I, Lions J L, Triggiani R. Non homogeneous boundary value problems for second order hyperbolic operators[J]. J Math Pures Appl, 1986, 65: 149–192.

[79] 江泽坚, 孙善利. 泛函分析 [M]. 北京: 高等教育出版社, 2003: 158–160.